APERÇU

SUR LE FONCTIONNEMENT

DU

SYSTÈME NERVEUX

PAR

LE Dr RAMES,

ANCIEN INTERNE DES HÔPITAUX DE PARIS,
MEMBRE CORRESPONDANT DE LA SOCIÉTÉ MÉDICALE DES HÔPITAUX DE PARIS,
MÉDECIN EN CHEF DE L'HOSPICE D'AURILLAC.

PARIS
G. MASSON, LIBRAIRE DE L'ACADÉMIE DE MÉDECINE
120, Boulevard Saint-Germain, en face de l'École de Médecine

1878

DU MÊME AUTEUR :

Note sur l'action physiologique du Bromure de potassium. (*Union médicale*, novembre 1849.)

Thèse sur le même sujet, avril 1850.

Considérations générales montrant la maladie comme une autre face de la vie, établissant l'importance de sociétés de médecine locales. *(Bul Soc. méd. Cantal, 1861.)*

Influence saisonnière avec mouvement météorologique et pathologique et tableaux de mortalité, 1864-1868. (Loc. cit.)

Compte-rendu d'une épidémie de Variole aux environs d'Aurillac, 1861-1863. (Loc. cit.)

Observations diverses. (*Gazette des Hôpitaux*, 2 août 1862; 17 août 1876; *Union médicale*, mars 1873.)

Rapports trimestriels à la Société médicale des Hôpitaux sur les maladies régnantes, 1873-1878.

APERÇU

SUR LE FONCTIONNEMENT

DU

SYSTÈME NERVEUX

PAR

LE Dr RAMES,

ANCIEN INTERNE DES HÔPITAUX DE PARIS,
MEMBRE CORRESPONDANT DE LA SOCIÉTÉ MÉDICALE DES HÔPITAUX DE PARIS,
MÉDECIN EN CHEF DE L'HOSPICE D'AURILLAC.

PARIS
G. MASSON, LIBRAIRE DE L'ACADÉMIE DE MÉDECINE
120, Boulevard Saint-Germain, en face de l'École de Médecine

1878

AURILLAC, IMPRIMERIE H. GENTET.

PRÉFACE.

L'aperçu que je présente ici est l'œuvre d'un praticien qui, se perdant dans un dédale de faits incohérents et se heurtant à des impossibilités intellectuelles, a cherché à se rendre compte de son action médicale et à la mettre en accord avec sa raison. Voyant à chaque instant son ministère le porter à agir sur des surfaces périphériques et la science vouloir que tout procède des centres nerveux, il s'est demandé si une variante apportée dans la manière d'interpréter le fonctionnement de ce même système nerveux ne rendrait pas compte de cet apparent contre-sens. Ce travail en est résulté.

Aura-t-il pour lui la sanction des maîtres de l'art? L'avenir seul le dira. Dans tous les cas, sa tentative est loin de constituer un péril social, et quant à sa justification, elle est tout entière inscrite dans cette maxime de Bacon de Verulam : « Dans les sciences il faut, comme dans les mines, ouvrir toujours de nouveaux filons et entreprendre de nouvelles opérations. »

Aurillac, juin 1878.

Dr J. RAMES.

APERÇU
SUR LE FONCTIONNEMENT
DU
SYSTÈME NERVEUX

L'homme a la conscience de ses actes. Cet esprit d'analyse qu'il possède les lui a fait voir subissant ces trois phases : l'idée, le moyen, la fin. Ces trois éléments constitutifs d'un tout étant devenus indissolubles et solidaires dans sa manière de concevoir les choses, il s'est cru en droit de les admettre, non seulement dans les productions du ressort de l'intelligence humaine, mais encore dans celles de la nature. Si j'en juge par mes impressions, les connaissances qu'il a acquises là-dessus n'étant qu'un reflet de sa pensée, il me semble bien excusable jusqu'à preuves contraires. De l'idée qui a présidé aux productions naturelles, du but vers lequel elles tendent, je crois que nous ne pouvons en rien savoir, si ce n'est peut-être en vertu de notions innées. Quant aux moyens, quant au *faire* de la nature, il est du domaine de l'observation, du ressort de nos sens, partant, passible de notre interprétation.

Usant du privilége commun, je vais tâcher d'établir, sur des données anatomiques et physiologiques, un aperçu sur le fonctionnement de notre système nerveux, un peu différent de celui qui est admis de nos jours.

Énonçant de suite ma manière de voir, je dirai : puisant par ses radicules dans un milieu plastique déjà épuré, modifiant ses impressions premières au contact des influences venues d'un milieu ambiant, notre arbre nerveux étage ses centres d'activité, épure ses moyens d'action de façon à en arriver à une opération d'ordre supérieur, au travail de l'intelligence. Vis-à-vis des autres systèmes organiques, il a le rôle d'appareil de centralisation. Au lieu d'apporter, il soutire. Son influx, venu de l'infini, par l'intellect humain rayonne de nouveau vers l'infini.

Telle est la donnée d'ensemble que je vais tâcher de baser sur les matériaux scientifiques fournis par les maîtres, donnée tacitement admise, ce me semble, mais en désaccord avec ce que l'on nous apprend, du moins pour certains départements de notre organisme.

Plusieurs études successives, et se reliant entre elles, m'amèneront, je l'espère, à faire considérer cette interprétation comme bien probable.

Un premier chapitre aura pour but de faire connaître les points de vue généraux qui m'ont dicté cette impression.

Un second sera consacré à des considérations sur

les muscles et sur les nerfs, qui seront comme la mise à pied d'œuvre des matériaux pour mon travail.

Dans un troisième, je soumettrai le grand sympathique et le pneumo-gastrique à mon interprétation.

Dans un quatrième, abordant les appareils de la vie de relation, je montrerai leurs centres nerveux se constituant, se vivifiant d'après le même mode, subissant des influences analogues à celles qui régissent ceux de la vie organique.

Un cinquième et dernier chapitre se proposera pour objet de catégoriser de par le système nerveux les grandes circonscriptions territoriales d'une économie, de montrer leur correspondance et leur corrélation.

Une revue sommaire servira de finale et fera ressortir l'ordre hiérarchique qui préside à l'édification des centres d'activité nerveuse.

CHAPITRE PREMIER.

Les points de vue généraux qui m'ont dicté cette impression sont : 1° la loi de développement organique formulée par M. le professeur Milne-Edwards; 2° l'idée de parasitisme ou, si l'on préfère, de décentralisation appliquée aux parties constituantes d'une économie; 3° la tendance dichotomique de la nature, principe de dualisme, qui me servira de guide pour l'étude que je me propose de faire.

Disons-le par avance, la nature animée, dans son

action, est comparable à un travailleur. En effet, vient-elle à s'occuper à une œuvre dont les diverses phases puissent nous être acquises, on voit qu'il lui faut une matière première, comme à tout ouvrier qui construit, et qu'elle ne saurait utiliser cette matière première qu'à la condition de l'épurer et de l'approprier suivant le but utile. Identifiée à son œuvre, elle a en substance ses propriétés, ses moyens de fonctionnement. Ses procédés de genèse s'effectuent par nuances tellement insensibles qu'une ligne de démarcation tracée de main d'homme n'est jamais à sa place.

Ces prémisses posées, entrons en matière.

§ I.

Loi de perfectionnement. — La loi formulée par M. le professeur Milne-Edwards est la suivante :

> Le progrès dans l'organisation n'est que la division du travail physiologique.

Pour mieux en saisir l'esprit, écoutons le commentaire qu'en donne le professeur Vulpian :

> Pourquoi, d'ailleurs, ne pas reconnaître que, chez certains animaux, la matière organisée peut offrir, simultanément et mêlées les unes aux autres, les diverses propriétés qui se séparent chez les animaux les plus élevés? Ne peut-on pas admettre comme une hypothèse assez plausible que, dans cette matière organisée, les diverses substances qui doivent se diviser ailleurs pour former des éléments anatomiques distincts sont amalgamées pour ainsi dire? Il faut bien remarquer, en définitive, que les propriétés physiologiques appartiennent, non pas à l'élément anatomique figuré, mais à la matière qui le compose. La figure que revêt cette matière peut bien avoir de

l'influence sur le sens dans lequel s'exerce l'action physiologique, mais elle ne peut avoir, au fond, aucune influence sur l'existence même de la propriété. Elle n'est, suivant toute vraisemblance, qu'un mode de perfectionnement, et apparaît lorsque les substances douées d'une activité physiologique spéciale se séparent pour remplir isolément leur rôle. Tant que la chimie physiologique ne sera pas assez avancée pour reconnaître telle ou telle matière contractile, nerveuse ou autre, sous quelque forme et en quelle quantité qu'elle se trouve, nous ne saurons pas, d'une façon exacte, quelle est la valeur de l'hypothèse que nous venons d'indiquer et qui nous paraît le mieux rendre compte des faits.

En cherche-t-on l'application, on trouve ce qui suit :

Lorsqu'on étudie les êtres placés dans les rangs inférieurs du règne animal, on voit que les plus simples d'entre eux ne consistent qu'en une masse limitée de substance homogène ne contenant aucun élément anatomique figuré. Toutes les fonctions s'exécutent chez eux au moyen de cette substance homogène, uniforme, de ce *sarcode*, pour employer le nom que lui a donné Dujardin. Ces animaux se nourrissent sans tube digestif, respirent sans organes respiratoires, ont une circulation sans organes circulatoires, se meuvent et sentent sans système nerveux, sans muscles et sans organes des sens. (VULP., p. 2. — *Système nerveux*.)

Partant de plus loin encore, on pourrait dire qu'au début du règne animé, œuvres et matériaux se confondent. Certaines particules organiques apparaissent, se meuvent, laissant indécise la question de savoir si ces mouvements ne seraient pas encore la conséquence de phénomènes physiques, s'engendrant dans un milieu tendant à la vie.

Quoi qu'il en soit, et c'est la seule conséquence que nous voulons tirer de ce qui précède, une gradation est saisissable parmi les éléments anatomiques connus qui fournissent au *substratum* de l'animalité ; ajoutons que le principe physiologique paraît leur préexister.

De l'animalité passant à une existence isolée, la soumettant à la même loi, nous trouvons qu'une vue philosophique pareille y est de tout point applicable.

Sans parler du développement d'un germe, que l'on prenne chacun des éléments anatomiques, chacun des systèmes organiques, que l'on fasse de ce que l'on est convenu de considérer comme la fin, le commencement, et l'on verra se dérouler une évolution analogue.

Pour se convaincre de ce fait que le *nisus* embryogénique se continue la vie durant, il suffit, ce me semble, de se remettre en mémoire les nouveaux travaux faits sur les individualités anatomiques.

Empruntons à l'article *Nerfs,* du dictionnaire de Dechambre (Dr Renaut), le passage suivant :

Les premières cellules adipeuses se montrent dans le tissu conjonctif sous-cutané encore muqueux des embryons, sur des points déterminés. Elles se développent autour des vaisseaux dont elles entourent les ramifications, comme le font les grains de raisin à l'égard de la grappe qui les supporte. Les cellules en voie de transformation adipeuse sont arrondies, formées d'une masse de protoplasma grenu, au sein duquel apparaissent un certain nombre de granulations graisseuses ; sur d'autres, dont la transformation est plus avancée, deux ou trois grosses gouttes de graisse sont disposées dans la partie centrale de l'élément, mais sont encore distinctes ; sur d'autres enfin, plus rapprochées du terme de leur évolution, les gouttes de graisse, devenues coalescentes, forment une masse centrale arrondie, enveloppée par le protoplasma qui affecte une configuration semi-lunaire et qui entoure la goutte centrale d'une zône granuleuse. Le noyau est refoulé à la périphérie et d'arrondi qu'il était devient ovalaire. La cellule adipeuse est alors formée d'un globe graisseux ellipsoïdal ou sphérique, entouré de substance protoplasmique; plus tard tout ce système s'entoure d'une mince enveloppe membraneuse, anhiste, à double contour, analogue à la capsule des cellules cartilagineuses. De cette façon, une cellule de tissu conjonctif embryonnaire s'est modifiée pour produire une individualité anatomique particulière, et cela en vue d'une fonction spéciale, l'emmagasinement de la graisse.

Pour bien saisir la gradation suivie par la nature, on n'a qu'à se rappeler la série suivante : fibre-cellule, fibre lisse, fibre striée.

Veut-on s'initier au développement d'un système organique, que l'on se remémore les faits suivants :

Dans l'embryon de poulet, l'*area vasculosa* se forme de toutes pièces aux dépens de la substance préexistante. (VIRCH. — *Tum.*, p. 21.)

Les vrais, les seuls capillaires sanguins ont leurs parois constituées par une membrane anhiste. (VULPIAN. — *Syst. nerv.*, p. 731.)

Plus tard s'ajoutent un épithelium pour la membrane interne, des fibres musculaires pour la membrane moyenne, plus tard enfin, des *vasa vasorum* et des nerfs sur la tunique externe.

Si on s'élevait encore de quelques degrés dans l'échelle de l'organisation, on trouverait des agglomérations anatomiques circonscrites par des membranes organiques. Ici, par exemple, nous aurions les glandes vasculaires sanguines, le cœur. Mais notre but n'étant que de montrer la loi du professeur Milne-Edwards applicable et à l'ensemble des organismes et aux parties constituantes de chacun d'eux en particulier, nous ne pousserons pas plus loin, passant de suite à notre second point de vue.

§ II.

Idée de parasitisme ou de décentralisation. — Nutrition, réaction, délimitation; autrement dit, vivre, se mettre en communication avec le milieu ambiant, avoir son chez-soi, tels sont les trois grands attributs qui nous paraissent caractériser une existence faite. Disons-le, tout cela n'est que relatif. Tâchons de voir ce qu'il en est, nous conformant toujours à la méthode que nous nous sommes imposée.

Ce n'est qu'en vertu d'une abstraction de l'esprit que l'on arrive à considérer un être animé comme étant complètement isolé dans un milieu ambiant. En voyant même dans la série animale chaque type se greffer en quelque sorte sur son inférieur, la pensée vient que l'animalité entière peut être considérée comme un immense organisme étendu à tout le globe terrestre. Dès lors, cette réflexion en découle, que la nature, par cette création variée et étagée, tend vers un but proposé, vers un apogée de fonctions. A mes yeux, de cette tendance le rôle de l'homme se dégage ; par la diversité de ses aptitudes, il existe, comme le disaient les anciens, à l'état de *microcosme*, résumant le tout, idéalisant l'ensemble, établissant sur notre planète l'unité de composition. Vouloir aller au-delà de la communion de deux intelligences, dont l'une a fourni les travaux que l'autre est occupée à commenter, c'est rêver la fusion. L'esprit humain, par ses facultés, relie la cause et l'effet, pose la clôture.

Une perspective analogue à la précédente peut-elle

être transportée d'un ensemble d'existences à un ensemble d'organes, d'un milieu ambiant à un milieu interné ? Il me le paraît.

Dans un organisme, l'unité de composition ne saurait être mise en doute; tout groupe cellulaire, en ne se reliant à l'ensemble que par des moyens d'ordre secondaire, nous offre un tableau à peu près similaire au premier. La tendance vers un apogée de fonctions ressort de l'aménagement intérieur qui nous montre ces diverses parties s'étageant, se subordonnant, se catégorisant pour contribuer à une même fin. Reste donc à établir que, quoique étant reliés, ces divers centres doivent être considérés comme ayant une existence en quelque sorte parasitique. Théoriquement, répétons-le, la chose n'est pas douteuse. Notre esprit les isole, les individualise, leur reconnaît une évolution plus ou moins parfaite, suivant les individus, un jeu qui varie suivant les moments. Mais en est-il de même sur le terrain de l'expérimentation? C'est à rechercher des preuves à l'appui que nous allons nous occuper.

Une première constatation est que les éléments anatomiques figurés et les ensembles organiques qui résultent de leur assemblage naissent et se constituent sur place, indépendamment de l'action des centres.

En preuve, rapportons l'expérience suivante due au professeur Vulpian :

Sur des larves de grenouilles, dégagées de leurs enveloppes depuis 24 heures, je sépare la queue du reste du corps et je mets dans l'eau les queues ainsi obtenues. Au moment de l'opération, on ne pouvait distinguer aucun des organes profonds faisant partie de la queue; elle était à peine transparente et l'on n'apercevait ni l'axe vertébral, ni les masses musculaires. Il paraissait n'y avoir aucun vaisseau dans l'enveloppe cutanée, et l'épiderme, couvert de cils vibratiles, contenait une masse de pigment noirâtre qui contribuait à rendre le segment caudal presque complètement opaque. Les quelques éléments cellulaires que l'on voyait au-dessous de la peau étaient remplis de granulations vitellines. Deux jours après l'opération, la partie axile commence à être reconnaissable. On y distingue déjà confusément les masses musculaires, avec leurs interstices obliques et parallèles. En même temps, la surface de section se cicatrise et bourgeonne quelque peu. Le quatrième jour, les muscles et leurs interstices musculaires se dessinent davantage dans la partie axile. Les lames natatoires se détachent plus nettement du reste de la queue. La quantité des granulations vitellines diminue. Il y a de légers mouvements, spontanés en apparence. Le sixième jour, on voit distinctement les faisceaux musculaires parallèles les uns aux autres ; la colonne vertébrale est bien visible, et l'on aperçoit des rudiments de vaisseaux. Le huitième et le neuvième jour, les rameaux sont mieux dessinés et leurs ramifications se sont compliquées. On aperçoit le sang immobile dans quelques points de ces vaisseaux. Les granulations vitellines ont disparu en grande partie ; le segment caudal s'est progressivement et considérablement accru en longueur et en largeur. Vers le dixième jour, quelquefois plus tard, le segment meurt. Il est à ce moment tout aussi développé, sous tous les rapports, que la queue des embryons nés le même jour et non mutilés. La mort a lieu, parce qu'à cette époque du développement, la circulation serait absolument indispensable pour enlever des tissus tous les produits de désassimilation et pour leur fournir des matériaux nutritifs.

Les phénomènes qui vont suivre montreront la transition ménagée par la nature entre un ensemble organique et une existence isolée.

Le périoste est formé de deux couches. La couche externe est particulièrement constituée par un tissu conjonctif, siége des vaisseaux et des nerfs. Dans la couche profonde, on remarque des fibres élastiques ordinairement très fines, constituant ainsi de véritables membranes élastiques superposées. (Kollik., p. 240.)

A côté de ces données anatomiques, plaçons les résultats suivants empruntés aux expériences du docteur Ollier sur l'ossification.

Si on enlève la couche profonde du périoste sur une portion de lambeau périostique, l'ossification manque au niveau de la partie raclée. De la raclure de cette même membrane, semée dans un milieu vivant, donne lieu à la production de grains osseux.

Passons à un organisme complet.

Toutes les tumeurs dues à des vers vésiculaires ont pour caractère que, lorsqu'on y fait une incision, on trouve toujours une membrane double : l'une externe, qui est formée d'un tissu connectif plus ou moins riche en vaisseaux et provenant de l'action irritative de l'organe, et l'autre interne, la vésicule animale proprement dite, qui s'accole étroitement à l'intérieur du sac produit par l'organe lui-même. En ouvrant avec précaution le kiste, on peut, après avoir enlevé par la dissection l'enveloppe fournie par l'organe, voir apparaître la vésicule animale intacte. Les deux enveloppes se distinguent en même temps par un examen plus minutieux de leur structure : la plus externe est une membrane de tissu connectif ordinaire, qui peut bien aussi prendre une consistance plus solide, cartilagineuse ou osseuse ; tandis que la vésicule interne est formée par la substance spécifique de l'animal, et présente la consistance soit molle, délicate, gélatineuse du cystiserque, soit particulièrement ferme, élastique de la vésicule échinocoque. (Virch. — *Tum.*, p. 104.)

L'expérience suivante établit la nécessité des deux surfaces.

Que l'on divise le corps d'une hydre en lambeaux d'une

grandeur évaluée approximativement à celle d'un sphéroïde qui n'aurait que 1/4 de millimètre de diamètre, on verra se produire de nouvelles hydres; mais des lambeaux de tissus qui ne comprendraient que la peau interne ou la peau externe, ne produiront jamais de nouveaux individus. (Expérience de LAURENT. — *Mull.*, p. 870.)

Au point de vue qui nous occupe, ces faits sont analogues. Dans les deux premiers cas, le travail organique se fait aux dépens d'un milieu déjà acquis; dans le troisième, aux frais du milieu environnant. Dans tous, le travail, pour s'effectuer, paraît exiger la présence d'une membrane spéciale qui approprie, qui spécifie la matière première; la disposition de cette membrane seulement est inverse, suivant le milieu auquel elle s'adresse, interne lorsqu'elle s'adresse à des matériaux exotiques, externe quand elle s'exerce sur une substance plastique déjà appropriée.

Il est tout une filiation de faits qui prouve encore l'indépendance du détail vis-à-vis de l'ensemble.

Les expériences de greffe animale. — Quelque courte que soit la période de temps pendant laquelle ces parties sont restées détachées, on est forcé de reconnaître que la vie s'y maintient et ne demande qu'un milieu convenable pour se continuer. — La tendance à l'acquisition de la forme typique pour certains animaux.— Une même tendance pour la restauration de cette même forme typique. — Dans les viscères, et ceux-ci doivent être considérés comme un multiple d'un même élément, la même idée découle, ce me semble, du caractère spécial qu'offre pour chacun d'eux le sang veineux.

Bien des faits pathologiques, les tumeurs entre autres, viendraient consacrer les considérations ci-dessus;

mais notre intention n'est pas de nous en occuper dans ce travail.

Enfin, pour donner à cette manière de voir la sanction d'esprits scientifiques des plus éminents, finissons en rapportant les deux passages suivants :

Chaque animal représente une somme d'unités vitales qui portent en elles-mêmes les caractères complets de la vie. L'organisme élevé d'un individu résulte toujours d'une espèce d'organisation sociale, de la réunion de plusieurs éléments mis en commun ; c'est une masse d'existences individuelles dépendantes les unes des autres. (VIRCHOW. — *Path. cell.*, p. 22.)

Constatons ce fait, que toutes les manifestations de la vie sont exclusivement attachées aux parties élémentaires des corps vivants ; ce sont les éléments anatomiques ou organiques, cellules ou organismes élémentaires, comme on voudra. En effet, chaque organe a sa vie propre, son autonomie ; il peut se développer et se reproduire indépendamment des tissus voisins. Sans doute, tous ces tissus entretiennent pendant la vie des relations nombreuses qui les font concourir à l'harmonie de l'ensemble ; mais on pourrait comparer, jusqu'à un certain point, chaque individu à un polypier résultant de la juxtaposition d'une foule d'organismes vivants. (CL. BERN. — *Leçons. Tissu vivant*, p. 22.)

Résumons-nous et disons : ce nouvel ordre de considérations, en nous montrant la nature brodant toujours sur un même thème, nous permet de saisir une nouvelle analogie entre l'animalité entière et l'ensemble d'un organisme. L'idée que l'on doit se faire de ce dernier en découle : celle d'un tout complexe ne trouvant d'équivalent dans notre esprit que dans le sens attaché au mot *association ;* association de groupes *décentralisés* quant aux groupes voisins, car leur but diffère, mais *centra-*

lisés comme ensemble, car ils concourent tous à une même fin.

Toute unité vitale principale renferme donc des unités vitales secondaires qui ont leur vie propre, leurs instincts, on pourrait dire ; et, comme leur aînée, celles-ci produisent, utilisent, suivant le but utile, les éléments anatomiques qu'elles ont en puissance.

Cette seconde proposition admise, abordons notre troisième vue générale. Elle nous servira de guide dans l'étude que nous faisons, nous donnera la clé de ce que l'on pourrait appeler les grandes lignes architecturales d'une économie.

§ III.

Tendance dichotomique. — Régime de dualisme. — Procédons *ab ovo*. Exposons d'abord les choses telles que nous les comprenons, sauf à justifier plus tard quelques-unes de nos assertions.

Sous l'influence du germe, du concours de deux éléments plastiques, probablement de génie différent, l'œuf entre en voie d'organisation ; les granulations se groupent. De ces groupes naissent des cellules avec leurs deux éléments. Par ces cellules se tisse une membrane qui, elle-même, se dédouble. Dans l'intervalle de deux feuillets apparaissent, sur un point, les vaisseaux destinés à l'élaboration et à l'absorption du premier nutriment du fœtus ; sur un autre, le magma destiné à devenir le fœtus lui-même.

Celui-ci, six semaines environ, reste sous une forme interlope, moitié œuf, moitie existence séparée. Au bout de ce temps, la vésicule ombilicale rentre dans le domaine muqueux, l'allantoïde greffe ses vaisseaux. Le feuillet externe englobe l'interne, et dès lors la délimitation a lieu. Du sceau ombilical date, en effet, l'accentuation bien nette de l'une des données auxquelles a à fournir le pouvoir centralisateur d'un germe.

De par la dualité s'est constituée l'unité ; mais si on pénètre à l'intérieur du produit, on reconnaît sans peine que tout s'y trouve soumis au régime du dualisme.

Des deux membranes qui ont ainsi séquestré le nouvel être, l'une, celle qui le circonscrit au-dehors, est le rudiment de la peau, de cette enveloppe qui doit présider au commerce extérieur ; l'autre, celle qui le limite au-dedans, est le point de départ du tégument interne, de ce revêtement muqueux qui, finalement, se moule sur la voie tracée aux vivres. L'une est le complément de de l'autre : chacune d'elle a sa part d'influence, la première réfléchit le courant que la seconde a établi. Aucune d'elles ne saurait avoir une existence isolée.

Tout d'abord, exerçant leur action dans une sphère très limitée, les deux feuillets primitifs suffisent seuls à leur tâche. Bientôt, toutefois, cette action s'étendant, un collaborateur doit venir à leur aide. Cet auxiliaire est l'élément sanguin. Issu du travail cellulaire sur le plasma, cet élément se constitue en un réseau capillaire, et bientôt deux colonnes sanguines, de nature opposée, font suite.

L'une, la colonne veineuse, et la lymphe peut en être considérée comme une dépendance, représente au-dedans des tissus la membrane interne, y continue le mouvement de nutrition, le courant d'entrée.

L'autre, la colonne artérielle, succédanée de la membrane externe, traduit au-dedans l'influence de l'air ambiant, pousse au-dehors.

La première représente l'élément conservateur ; elle a pour agent le globule de sang, couleur rouge violet. La seconde, élément révolutionnaire, a pour moyen d'action le globule de sang, couleur rouge écarlate.

De la présence simultanée des deux éléments sanguins naît peut-être l'influx qui met en mouvement la cavité cardiaque.

Le courant sanguin trouve dans la cavité cardiaque son régulateur ; dans la force d'absorption, sa direction. Quant aux anastomoses périphériques, elles s'expliqueraient par la tension sanguine ; de même le bouillonnement cellulaire rendrait compte du refoulement à l'extérieur du réseau lymphatique.

Enfin, représentants des deux irrigations sanguines, deux réseaux nerveux s'élèvent, l'un d'eux s'identifiant au courant conservateur, le grand sympathique ; l'autre au courant révolutionnaire, le pneumo-gastrique, réseaux qui, convergeant pour vivifier un centre nerveux, constitueront une première assise sur laquelle pourra venir se greffer n'importe quelle individualité animale.

Cette exposition faite, justifions quelques assertions en apportant des documents à l'appui.

Le germe résulte du concours de deux éléments. Chacune de ses parties constituantes perd, en effet, son cachet personnel en vue d'une fusion. L'ovule sort sans noyau ; il n'a qu'une enveloppe membraneuse et un contenu liquide granuleux. Or, toute cellule sans noyau est en voie de régression.

Un travail analogue prépare la venue des spermatozoïdes. Malgré la plus grande attention, on n'a jamais pu reconnaître en eux aucune trace d'organisation. La matière qui les compose est homogène, transparente et anhiste. (Morel, p. 86.)

La destination opposée des deux colonnes sanguines me paraît ressortir de l'examen suivant :

Le lacis artériel qui enveloppe la vésicule ombilicale est bien plus développé que son réseau veineux ; aussi le contenu de cette vésicule, mis en état, hématosé, recuit en quelque sorte, est-il résorbé peu à peu. Pour une raison pareille, on voit l'un des rameaux veineux de l'allantoïde s'oblitérer, alors que les vaisseaux sont arrivés à destination.

Chez le fœtus, en vue d'un travail de bâtisse, la disposition est toute inverse. Il suffit de songer au trou de Botal, au canal artériel, pour comprendre que le sang veineux prédomine chez lui. Disons-le encore, au début, sa surface externe est plutôt un organe de sécrétion ; plus tard, cette même surface est immergée dans un liquide, ce qui doit émousser ses sensations et diminuer la dépense.

Chez l'adulte, même disposition pour le système lymphatique, pour celui de la veine porte, pour toutes les glandes vasculaires sanguines.

Comme contre-épreuve, citons le fait physiologique suivant, constaté par le professeur Cl. Bernard : dans les reins, dans les glandes salivaires, un sang rouge circule dans leur réseau capillaire, dans leurs veines, au moment de leur sécrétion, au moment de leur dépense.

Si du terrain normal nous passions sur le domaine

pathologique, nous constaterions des phénomènes analogues.

Qu'il nous suffise de dire que tout travail de ramollissement s'accompagne d'une prédominance de l'élément artériel; tout travail plastique, de la prééminence de l'élément veineux.

La contraction cardiaque tient-elle à la rencontre des deux sangs ? Le fait suivant plaiderait en faveur de cette hypothèse.

Le Dr Scoutteten a toujours vu le contact des deux sangs, rouge et noir, contenus dans l'intérieur de tous les tissus, produire un dégagement d'électricité constant et incessant.

Le cœur, pendant un certain temps, a l'apparence d'une masse musculaire sans texture, ce qui ne l'empêche pas de se contracter. Où le sang prend-il sa direction, si ce n'est dans la force d'absorption?

Quant au refoulement du réseau lymphatique, l'exemple des tumeurs est là comme argument à l'appui.

Nous ne nous occuperons pas pour le moment des nerfs, tout ce travail ayant pour but leur étude.

Corollaires. — Ces grandes dispositions anatomiques connues, quelles déductions en tirerons-nous? Qu'au feuillet muqueux doit être rattaché tout ce qui a trait à l'apport plastique; au feuillet cutané, tout ce qui est relatif à la dépense. Ces deux systèmes s'enchevêtrant, se reliant par transition insensible, sous le premier chef nous rangerons le plasma, la trame, le canevas conjonctif, l'élément veineux et ses dépendances; sous le second, l'élément artériel, les appareils spéciaux lors de leur action.

Rapprochons maintenant ces dernières données de celles contenues dans le paragraphe précédent ; quelles conséquences en tirerons nous? Qu'un ensemble organique étant un composé d'agglomérations secondaires, chacune de ces dernières sera soumise au régime du tout, avec cette nuance toutefois que ses limites seront bien moins tranchées, que le mouvement de nutrition lui viendra de la périphérie, que, se constituant sur place, elle se reliera à mesure à l'ensemble, établissant ainsi ses droits à l'existence ; qu'en plus des excitants spéciaux, elle aura un excitant général toujours le même, l'influx artériel qui y poussera à la dépense.

Faisons intervenir à cette heure les notions renfermées dans le premier paragraphe, et nous arrivons à ce nouveau résultat que chaque agglomération organique créant et distribuant les éléments anatomiques qu'elle a à sa disposition, suivant le but utile, on pourra juger de sa tendance par le choix, par la disposition qu'elle fera de ces éléments. Réciproquement, la tendance d'une agglomération organique étant connue, le rôle, l'importance des éléments qui la constituent ressortira de l'aménagement qu'elle en aura fait.

Ajoutons enfin qu'un apogée de fonctions paraissant l'*ultima ratio*, chaque élément anatomique apparaissant par ordre, l'action du dernier venu pourra être considérée comme l'expression d'un stade de plus dans la voie du progrès.

Le terrain ainsi jalonné, abordons le système nerveux ; et tout d'abord, comme avant-propos, essayons-nous sur un organe qui nous offre un exemple de plasticité en action se passant à distance de l'élément sanguin. Je veux parler de l'évolution du germe dentaire.

Un travail préliminaire et trois phases peuvent y être notés. Ce qui va suivre est en partie emprunté à l'ouvrage de Kolliker.

Dès longtemps la nature a amassé ses matériaux, les a isolés par une enceinte continue, a établi le sac dentaire. C'est là le travail préliminaire.

Dans une première phase, une élaboration analogue à celle que nous avons constatée pour les vers vésiculaires, se produit. Au-dehors, c'est une membrane conjonctive assez riche en vaisseaux et qui le devient davantage; au-dedans, c'est une deuxième membrane sans trace d'organisation appréciable, la préformative. Tamisé, modifié par cette dernière, le nutriment (cellules adamantines) vient former l'émail.

Le cément se constitue à peu près de la même façon.

Dans une deuxième phase (et cette explication est de nous), le courant se continuant, incruste les cellules du germe, les fait se transformer en canalicules qui vont retrouver la circulation générale.

Dans une troisième, l'œuvre nouvelle étant déjà reliée à l'ensemble par une communauté de vaisseaux, des moyens de relation y apparaissent.

Les nerfs accompagnent les vaisseaux, mais se développent beaucoup plus tard. (Kollik., p. 431.)

Inutile d'ajouter qu'à mes yeux le nerf, élément anatomique d'un ordre supérieur, emprunte à l'action engagée, la régularise en y puisant son influx, et que c'est de la centralisation des apports nerveux que résulte le jeu d'une économie vivante.

CHAPITRE II.

Dans ce second chapitre consacré tout entier à des considérations générales, un premier paragraphe aura pour but d'indiquer la disposition anatomique du système nerveux, ses sources d'activité, la direction de son influx ; un second, d'établir cette proposition que sensibilité et motilité ont un point de départ, un courant, un fonctionnement analogue et subissent une éducation pareille. Dans un troisième, je montrerai l'entrée en scène de l'élément nerveux et ferai connaître les faits à ma connaissance qui prouvent l'importance de la partie périphérique des nerfs.

§ I.

Disposition anatomique. — La disposition anatomique du système nerveux l'a fait comparer à un arbre. En effet, par quelques-unes de ses radicules, il se met en communication avec les revêtements intérieurs du corps humain ; par d'autres, avec ceux qui entrent en relation avec le monde extérieur ; il va s'épanouissant de la moelle vers le cerveau pour constituer ce que l'on a désigné sous le nom de myélencéphale.

Cette disposition le range dans une catégorie à part. Dans les autres systèmes, les organes qui y fournissent, isolés en quelque sorte, décentralisés, comme nous l'avons dit, ne se relient à l'ensemble que par des moyens secondaires, et cela pour un but défini. Ce sont le plus souvent des canaux chargés de transmettre un produit, résultat d'un travail déjà fait, représentation partant d'une vitalité amoindrie. Le système nerveux, lui, est à l'inverse. Débutant à la périphérie par des moyens analogues à ceux qui constitueront son épanouissement, ses éléments, en apparence de même génie, sont aménagés toutefois d'une façon telle qu'une progression croissante est saisissable de la base vers le sommet.

Loin que son action soit limitée, son pouvoir s'accroît tous les jours par un exercice régulier. Il acquiert même probablement jusqu'à la fin de la vie de nouveaux matériaux pour s'exercer.

Sources de l'activité nerveuse. — Les sources de l'activité nerveuse existent-elles dans les centres nerveux? Les expériences suivantes vont se charger d'y répondre.

Des oiseaux auxquels on a enlevé le cerveau se tiennent sur une seule patte, passent d'une patte sur l'autre au bout d'un certain temps, secouent leur tête, la placent sous une aile pour dormir, agitent leurs plumes, quelquefois même les aiguisent et les nettoient avec leur bec.

Des animaux privés de toutes les parties qui sont en avant de la protubérance, se tiennent dans une attitude normale. Si on les renverse sur le flanc, ils se relèvent immédiatement et recommencent chaque fois.

Chez une grenouille dont on a séparé le train postérieur, c'est dans ce dernier tronçon que les actions réflexes seront plus intenses et plus vives.

Ces résultats prouvent au moins ceci : que les centres nerveux ne fournissent pas à la périphérie nerveuse, puisque celle-ci conserve son activité, alors que les premiers sont supprimés. Admettra-t-on que chaque tronçon agisse en vertu d'une action à lui propre par le seul fait d'une irrigation sanguine? La surexcitation qui apparaît dans l'arbre nerveux au-dessous de chaque mutilation ne le laisse guère supposer. Il est plus probable qu'il s'agit là d'un effet comparable à ceux produits par un dégagement électrique, effets s'irradiant tantôt à toute une série d'appareils, tantôt à quelques-uns seulement, avec cette variante toutefois que, dans la nature animée, comme nous l'avons dit, les propriétés sont inhérentes aux tissus vivants eux-mêmes, et que leur mise en activité résulte du moindre changement de modalité survenu dans leur état.

A l'augment réflexe dont il vient d'être question, que l'on ajoute la notion d'une ligne suivie par l'action nerveuse, et ce que nous avons énoncé comme une probabilité tournera presque à la certitude. Or, le nom seul de conducteur que l'on applique aux nerfs indique que l'on a reconnu qu'ils conduisent, qu'ils transmettent quelque chose, cela évidemment suivant une voie voulue.

Où prendre cette voie? Nous venons de voir que la ligne de haut en bas n'est guère supposable; voyons si l'inverse est plus admissible.

Direction. — Une direction de bas en haut, de la périphérie vers les centres, nous paraît résulter de la double constatation suivante : deux ordres de faits, qui se contre-vérifient en quelque sorte eux-mêmes, plaident en effet dans ce sens.

Si on vient à pratiquer des sections sur l'arbre nerveux, plus on se rapprochera de la périphérie, plus les actions réflexes seront intenses au-dessous; plus aussi les paralysies y seront absolues. Au contraire, si on remonte vers les centres, la réaction se localisera moins ; les paralysies seront moins constantes dans leur apparition. Preuve, ce me semble, que la spécialité est aux abords et les nuances dans les centres.

Chez les chiens, la destruction de régions limitées des circonvolutions n'a jamais produit que des phénomènes d'hémiplégie légère. (VULP. — *Syst. nerv.*, p. 686.)

Plus on s'élève dans l'échelle animale, plus l'excitation électrique révèle de points excitables, de centres divers à la surface du cerveau. (*Arch. phy*, p. 479.)

Non seulement cette tension de bas en haut, des abords vers les centres, indique un grand courant ascendant, mais si on arrive jusqu'à l'isthme de l'encéphale, on voit ce grand courant se scinder en grands courants secondaires qui fournissent au jeu d'un organisme et lui constituent un fonds social sur lequel viendront broder les contractions partielles des groupes musculaires. Ces courants sont : un de progression par les faisceaux basilaires ; un de recul par les cordons ronds ; un de latéralité pour la colonne vertébrale par les pédoncules cérébelleux supérieurs ; un de rotation par les faisceaux transverses ; un de latéralité pour les membres par les faisceaux thalamiques.

Cette direction admise, reste à déterminer les sources de l'activité nerveuse. La périphérie des nerfs se confondant avec les appareils organiques, force est d'arriver jusques à ces derniers et de dire : l'activité nerveuse sourd des appareils de sensibilité et de motilité de la vie organique et de la vie de relation.

Le fait étant admis pour les appareils de sensibilité, reste à prouver qu'il en est de même pour les appareils moteurs. C'est à tâcher de fonder cette opinion que nous allons consacrer le paragraphe suivant.

§ II.

La sensibilité et la motilité ont un point de départ, une direction de courant, un fonctionnement analogue et subissent une éducation pareille. — Intuitivement, cette proposition paraît exister à l'état de fait acquis. Que l'on se rappelle, en effet, qu'au début de la vie, sensibilité et motilité se confondent; que, dans l'animalité, ce n'est qu'à un degré assez avancé d'organisation; que, dans une économie vivante, ce n'est qu'aux confins des agglomérations cellulaires, que des cordons nerveux s'élèvent, et encore alors les deux éléments en question y sont-ils confondus; que l'on ajoute que ce n'est que plus tard, lors de l'apparition d'appareils supérieurs, que ces deux influences se séparent momentanément avant de se reconstituer dans les centres, et on sera amené à reconnaître dans les nerfs de simples mandataires émotionnés par un travail déjà existant et apportant dans le myélencéphale des influx en harmonie avec l'impression reçue.

Ce que cette vue générale indique, un examen détaillé va le corroborer. Occupons-nous d'abord des muscles.

Muscles. — L'irritabilité musculaire directe est admise aujourd'hui. Empruntons au professeur Hermann les faits sur lesquels elle est établie.

1° Des morceaux de muscles sans nerfs (par exemple les extrémités du sartorius ou couturier de la grenouille) peuvent être mis directement en activité. (Kuhne.) 2° Il y a des excitants pour les muscles et qui, d'un autre côté, n'ont aucune action semblable sur les nerfs. (Kuhne.) 3° Certaines substances qui ont la propriété de rendre les nerfs incapables d'action, principalement la terminaison nerveuse intra-musculaire, ne font point disparaître l'irritabilité directe du muscle (empoisonnement par le curare). 4° Dans certaines circonstances (fatigue du muscle), une excitation locale ne produit qu'une contraction limitée qui n'a lieu qu'au point d'irritation, bien que les fibres nerveuses atteintes en ce point s'étendent bien davantage. (Schiff-Kuhne.) 5e Les organes et les organismes contractiles inférieurs dont la substance est anologue à la substance musculaire manquent complètement de nerfs. (Hermann, p. 147.)

Dans ces derniers temps, la différence des effets des courants d'induction et des courants continus sur les muscles privés de leurs nerfs avait paru remettre en question cette irritabilité directe ; mais dans son travail sur l'influence des lésions des nerfs sur les muscles, le professeur Vulpian établit, d'après une série d'expériences, qu'il n'existe pas de différence appréciable entre les effets des deux natures de courant. *(Archives de physiologie.)*

Non seulement la contractilité musculaire appartient en propre à la fibre musculaire, mais des fonctions que l'on pourrait appeler musculaires s'effectuent en dehors du système nerveux, en tant qu'élément anatomique figuré.

Le cœur du petit poulet bat dès les premières heures de l'incubation (24 à 36), c'est-à-dire à une époque où il n'y a certainement pas de système nerveux. (Cl. Bern, p. 152.)

On a dit que le cœur de l'embryon de poulet se contracte avant de contenir du sang ; mais la formation du sang précède de quelques heures l'apparition des premiers mouvements pulsatiles du cœur. (Prevost et Cl. Bern.)

La formation des cellules, comme aussi la formation des

organismes, a son point de départ dans une combinaison particulière et encore inconnue des forces naturelles. (KOLL., p. 31.)

Les époques auxquelles apparaissent, dans le développement embryonnaire, le système musculaire d'un côté, le système nerveux de l'autre, ne sont nullement liées entre elles. (CL. B., p. 151.)

Les nerfs peuvent être très développés et constitués anatomiquement sans agir encore sur aucun des organes musculaires qui sont eux-mêmes déjà développés. En effet, j'ai constaté par des expériences que les extrémités nerveuses ne se soudent physiologiquement au système musculaire que dans le dernier temps de la vie embryonnaire. (CL. BERN., p. 149.)

Chez le fœtus, tous les muscles entrent en contraction sous l'influence d'une élévation brusque de température. Après la naissance, les muscles de l'estomac, de l'intestin, ceux du cœur, de l'utérus, du dartos en font de même. Le muscle de l'iris se contracte par l'effet de la lumière. (CL. BERN., p. 191.)

On ne paralyse jamais les mouvements du cœur en coupant les nerfs qui se rendent dans son tissu ; bien au contraire, les mouvements n'en deviennent que plus rapides. (CL. B., p. 420.)

L'irritabilité directe admise pour les muscles, quelle idée doit-on se faire de leur activité ?

L'action musculaire est un phénomène de scission. La scission a lieu spontanément et lentement à l'état de repos. Elle peut être renforcée tout d'un coup par des excitants. Ce renforcement subit constitue l'essence même de l'état actif. (HERMANN, p. 253.)

Peut-on en inférer qu'à l'état de repos l'irritabilité s'emmagasine dans le nerf du muscle ?

Disons-le tout d'abord, dans les tissus vivants le repos est un phénomène bien peu déterminé. Pour s'en rendre compte, il suffit de penser au jeu des fibres-cellules dans les parois des capillaires, à celui de la fibre lisse dans les différents conduits du corps. Quant aux fibres musculaires de la vie de relation, on connaît assez leur solidarité avec les différents éléments qui concourent à la vie pour juger de leur impressionnabilité.

Deux faits surtout me paraissent indiquer que c'est bien du muscle que part l'influx qui s'identifie au nerf musculaire. Le premier, nous l'empruntons au professeur Longet (T. III, p. 349).

Je suis parvenu à établir expérimentalement que le principe incitateur du mouvement, chez un animal récemment tué, disparaît et se retire de l'encéphale d'abord, de la moelle épinière ensuite, puis des cordons nerveux moteurs, en allant de leurs extrémités centrales à leurs extrémités musculaires, c'est-à-dire en suivant une marche centrifuge ; ainsi l'étage inférieur des pédoncules cérébraux, les portions antérieures de la protubérance et du bulbe rachidien ayant déjà perdu leur excitabilité, les faisceaux antérieurs de la moelle, les racines spinales correspondantes étaient encore excitables ; mais le moment survenait où l'excitabilité motrice disparaissait successivement des faisceaux antérieurs, des racines antérieures, des troncs nerveux pour ne plus exister enfin que dans les ramuscules terminaux.

En s'en tenant à l'opinion reçue, ce résultat surprend; admettant que l'influx nerveux musculaire descende des centres nerveux, comment s'expliquer qu'il puisse se scinder, se séparer de sa base d'activité pour petit à petit se retirer vers les muscles et pour définitivement s'y perdre ? N'est-il pas plus rationnel d'admettre que tout muscle est le point de départ de son action nerveuse et que la vie cessant, celle-ci se replie sur son lieu d'origine et finisse par s'y effacer ?

Un autre fait tout à fait en harmonie avec le précédent est celui connu sous le nom d'avalanche ou de boule de neige.

L'expérience a démontré de la façon la plus nette que, dans le nerf moteur, l'excitation augmente d'intensité en se transmettant; Plüger a constaté que l'amplitude du mouvement provoqué augmente à mesure qu'on porte l'excitation plus loin du muscle exploré sur le trajet du nerf qui l'anime. (Art. *Nerf*. Dr Fr. Franck, p. 189. — Dictre de Dechambre.)

N'est-on pas en droit d'en conclure que le muscle charge son nerf? Il ne manque plus, ce me semble, que de rapprocher de ce phénomène l'augment réflexe apparaissant au-dessous de toute mutilation.

Nerfs. — L'importance du muscle établie, apprécions celle du nerf. Jusqu'à ce jour on les a considérés comme des conducteurs indifférents, justifiant peu par conséquent les nombreuses épithètes dont on a bien voulu les accabler. Aujourd'hui on a une légère tendance à leur reconnaître quelques qualités spéciales, ce qui, nous le pensons, pourrait bien être dû aux appareils dont ils sont les représentants. Quoi qu'il en soit, en attendant que la question soit plus élucidée, mentionnons d'après Hermann les principales raisons qui prouvent que les nerfs sont de simples organes de transmission.

1° Si un point quelconque d'un nerf est excité, les modifications qui accompagnent l'activité nerveuse (principalement la variation négative du courant) se montrent non seulement sur un, mais sur les deux côtés du point en question. (Dubois-Raymond.) 2° Si l'on excite un rameau terminal d'une fibre motrice fendue, l'autre rameau transversal entre aussi en activité, pourvu que le tronc commun soit intact : le premier doit donc avoir conduit dans la direction centripète et non dans la direction centrifuge ordinaire. (Kuhne.) 3° On n'a encore montré aucune différence entre les deux espèces de nerfs, ni anatomique, ni chimique, ni physiologique. (Philipeaux et Vulpian. — Rosenthal.)

Pour affirmer une différence physiologique entre deux espèces de nerfs, on met en avant qu'une seule espèce est affectée par certains poisons, par exemple celle des nerfs moteurs par le wurali et le curare, mais il est démontré que cette action part des organes terminaux périphériques; elle ne prouve rien par conséquent en faveur d'une propriété particulière aux nerfs eux-mêmes. (Hermann, p. 318.)

Les muscles et les nerfs ainsi appréciés isolément, rendons-nous compte de leurs rapports :

Sur un chien on coupe l'hypoglosse d'un côté de la tête, et quelque temps après on constate que les muscles de la moitié de la langue où l'hypoglosse a été sectionné sont pris de contractions fibrillaires. Les muscles de l'autre côté de la langue restent en repos aussi longtemps que l'animal ne fait point de mouvements volontaires ; alors la contraction est forte, rapide, se fait avec ensemble. Du côté paralysé, les contractions au contraire sont fibrillaires, continues et sans coordination.

On peut donc conclure que lorsque l'influx nerveux existe il empêche les activités fonctionnelles musculaires de se dégager à mesure qu'il y a accumulation des principes nécessaires.... (Onimus. — *Traité d'Électricité*, p. 617.)

Dans le même ordre de faits se rangeraient les troubles pathologiques suivants :

Lorsque l'activité du cerveau et de la moelle est affaiblie par l'âge, par la paralysie (surtout la paralysie momentanée), ou simplement par la fatigue, la contraction musculaire est imparfaitement permanente, tremblotante, absolument comme on l'observe quand on tourne lentement la roue de l'appareil à rotation. (Marey. — *Mouvement dans la vie*, p. 216.)

Dans notre idée, la contraction fibrillaire est due à des excitations du muscle coïncidant avec l'impossibilité ou la difficulté pour son nerf d'entrer en communication avec les centres nerveux.

Quels corollaires retirer de ce qui précède ?

Que tout muscle est un appareil organique producteur, c'est-à-dire modifiant le milieu dans lequel il est plongé et créant ainsi une action spéciale ; que son nerf est un conducteur indifférent transmettant une impression reçue.

Ces deux propositions admises, reportons-nous sur un organe de sensibilité, nous rappelant l'expérience citée à la page 191 des leçons de physiologie du professeur Claude Bernard, où il montre un œil d'anguille réagissant encore sous l'action de la lumière, quoique séparé du corps de l'animal, expérience qui nous fait voir un sens complet tout-à-fait dans les conditions d'un muscle séparé des centres nerveux, c'est-à-dire ayant à lui une irritabilité propre. Que devons-nous y voir? Un appareil organique analogue à celui du muscle, c'est-à-dire modificateur du milieu dans lequel il est plongé, créant ainsi une impression spéciale, appareil se continuant de même par un nerf indifférent.

Et ici une conséquence s'ajoute : jamais sourd, jamais aveugle de naissance n'ont eu la notion soit des sons, soit des couleurs. Sans rappeler le vieil adage : *Nihil est in intellectu quod non priùs fuerit in sensu,* on peut dire sans crainte d'erreur que rien, comme influx sensoriel, n'est dans les centres nerveux, qui dès l'abord n'ait passé par les sens.

D'où nous déduirons encore que, pour un organe de sensibilité, la porte d'entrée est à l'organe producteur, et que c'est sous l'action incessante de ce dernier que s'animent les appareils des centres.

Un organe des sens étant pour le milieu du dehors ce qu'un appareil musculaire est pour un milieu du dedans, leur disposition organique étant la même, la porte d'entrée étant pour les premiers à l'organe producteur, existe-t-il quelque raison de croire qu'il en soit autrement pour les seconds?

Non seulement nous n'en voyons pas, mais nous croyons au contraire que tout tend à faire penser que c'est le muscle qui charge son nerf et que c'est par son action incessante que s'animent aussi les centres moteurs de l'axe spino-cérébral; que, partant, tout nerf moteur est centripète comme les nerfs de sensibilité. D'où cette finale : toute contraction musculaire répond à une dépense exagérée soit sensorielle, soit intellectuelle, survenue dans la ligne de l'arbre nerveux et ayant occasionné une rupture dans l'équilibre des tensions nerveuses de l'axe nerveux spino-cérébral.

Admettre pour les nerfs musculaires une action centripète, c'est en faire les analogues des nerfs de sensibilité. C'est reconnaître, comme nous le verrons plus tard, une harmonie préétablie, harmonie résultant : pour le système de la vie organique, d'une éducation fournie par la nature, c'est-à-dire se confondant avec les propriétés de tissus ; pour la vie de relation, d'un apprentissage datant des premiers moments de la vie fœtale et se continuant jusqu'à la mort de l'individu. Ainsi s'expliquent et la notion instinctive, qui nous donne jusqu'à un certain point la conscience de nos forces, et la notion acquise, qui nous permet de connaître à l'avance quelle est la quantité de contraction de nos muscles qu'exige chaque sorte de mouvement.

L'examen de ces notions particulières terminé, assistons à l'apparition du système nerveux et mentionnons les faits à notre connaissance qui démontrent l'importance de l'extrémité périphérique des nerfs.

§ III.

Entrée en scène du système nerveux. — Le tissu nerveux, en tant qu'élément anatomique figuré, existe-t-il au début de l'animalité ? Non.

Les rhizopodes, qui forment la classe la plus inférieure des zoophytes, ne présentent aucun indice de système nerveux, bien que doués d'un certain degré de mouvement spontané et d'une sensibilité non équivoque. Les infusoires proprement dits, lesquels sont rangés parmi les protozoaires et qui paraissent avoir de l'instinct, n'ont pas non plus de système nerveux reconnaissable. Il en est de même de toute la classe des polypiers, de celle des hydraires, des zoanthaires, des actinies, des madrépores, des antipathes, des gorgonaires, des coralidés. C'est chez les animaux de la classe des acalèphes que se trouvent les premiers éléments d'un système nerveux. (Vulp. — *Syst. nerv.*, p. 733.)

Au début d'un organisme, il en est de même. Chez le fœtus humain, les nerfs ne se montrent passablement distincts que vers la dixième semaine. (Jamain, p. 855.)

Voyons dans une organisation faite.

Nous ne savons rien des nerfs des villosités de la muqueuse intestinale. (Koll., p. 458.)

Les glandes muqueuses buccales, les glandes à pepsine de l'estomac, les glandes en grappes de Bruner, celles en tube de Lieberkühn, les follicules clos, les plaques de Payer, les follicules solitaires du gros et du petit intestin, sont sans connexion nerveuse connue. (Koll.)

La terminaison du nerf sympathique est encore à déterminer d'une façon précise. (Vulp , p. 181.)

Quant à la véritable terminaison de ce nerf dans le sein des organes, dans le cœur, les poumons, l'estomac, l'intestin, le rein, la rate, le foie, etc., elle est restée ignorée jusqu'à présent. (Koll., p. 373.)

Sur le canal thoracique on n'a pas observé de nerfs. (Koll., p. 626.)

Il faut remonter jusqu'aux plus grosses veines pour rencontrer quelques rares filets nerveux. Ainsi, on en a trouvé sur les sinus de la dure-mère, sur les veines du canal rachidien, sur les veines caves, jugulaires internes, iliaques, crurales, sushépatiques. (Koll., p. 610.)

Un grand nombre d'artères sont dépourvues de nerfs ; telles sont la plupart des artères du cerveau et de la moelle, celles de la choroïde, du placenta, beaucoup d'artères des muscles, des glandes, des membranes. (Koll., p. 610.)

Ce n'est qu'au sixième mois seulement que la peau se recouvre de papilles. L'étude histologique de la peau, dans l'état actuel de nos connaissances, est incapable de démontrer l'existence des nerfs dans toutes les papilles, et même dans la plupart d'entre elles. (Koll., p. 118.)

Disons-le donc :

On a admis des nerfs là où on ne les avait pas encore étudiés, on les a supposés dans des points où un examen minutieux n'a jamais permis de les découvrir ; on les a fait agir dans des points où ils ne pénètrent point. (Virch. — *Path. cell.*, p. 15.)

Déjà, de cette revue, ce fait se dégage que dans certains départements d'un organisme le tissu nerveux n'apparaît distinct qu'aux confins d'agglomérations cellulaires.

Maintenant, assistons à son entrée en scène, étudions l'ordre de développement, et de ses parties constituantes et de l'ensemble, initions-nous à la manière d'être de chacun de ses éléments et voyons quelles déductions on peut en tirer.

Observons-le, de l'aveu de tous les physiologistes, le grand rôle appartient à la cellule nerveuse.

Et d'abord, l'entrée en scène :

Chez les holothuries, chez les ophiures, chez les synoptes, on ne trouve à la périphérie que des filets nerveux Chez les acéphales, dont le système nerveux est mieux connu, il en est de même. Ce n'est que chez les mollusques que les filets nerveux commencent à présenter des cellules sur leur trajet, surtout près de leur extrémité périphérique. (Vulp., p. 747-754.)

Dans les organismes supérieurs il en est ainsi.

Les réseaux périphériques sont douteux. Dans tous les cas, ils seraient le point de départ de nouvelles fibres. (Vulp., p. 182)

Les faits bien constatés de terminaison des fibres nerveuses par des extrémités libres sont maintenant assez nombreux pour nous autoriser à présumer que c'est sans doute là le mode général de terminaison des nerfs. R. Wagner avait, du reste, déjà indiqué ce mode de terminaison comme une loi générale s'appliquant à toutes les fibres nerveuses. Il n'y a pas d'anses, ni d'arcades, pas de réseaux véritablement terminaux. (Vulp., p. 183.)

Voyons si l'ordre de développement de ces deux éléments anatomiques figurés est en harmonie avec cette manière de voir.

Dans tous les points du système nerveux, l'apparition de la substance grise est plus tardive que celle de la substance blanche. (Jamain, p. 855.)

Les fibres des ganglions ne se développent qu'après celles des cordons nerveux. (Koll., p. 379.)

S'occupe-t-on de l'ensemble du système nerveux au même point de vue, on trouve des faits concordants avec ceux-ci :

D'après Ackerman, tout le système nerveux commencerait par le ganglion cardiaque.

Kiesselback a observé, dans un embryon de onze semaines, tous les ganglions du grand sympathique, sauf le ganglion cœliaque.

On trouve le grand sympathique très développé chez les acéphales et chez les monstres qui sont à la fois dépourvus de cerveau et de moelle épinière. (LONGET, p. 554.)

Inutile d'observer que plusieurs de ces constatations sont antérieures aux recherches histologiques modernes. N'importe, on peut dire sans crainte d'erreur, qu'à peine accusée à la périphérie, l'individualité anatomique nerveuse va s'accentuant de plus en plus à mesure qu'elle gagne ses centres, et que là elle apparaît avec son cachet.

Prend-on à partie chacun des éléments du tissu nerveux, on retombe toujours sur une même ligne suivie par la nature.

En effet, les filets nerveux, considérés au point de vue de leur rapport numérique, vont en diminuant de nombre, de la périphérie vers les centres, et c'est l'inverse pour les cellules. Constatation tout-à-fait en désaccord avec cette opinion qui voudrait faire d'une cellule l'aboutissant d'un filet nerveux ; qui laisserait plutôt supposer que les tubes nerveux ont pour but de relier une station à l'autre.

Une cellule de grande dimension dénote un état primitif. Or, celles-ci, étudiées dans leur configuration, vont en diminuant de volume, à mesure que l'on s'élève dans la série animale, à mesure que l'on s'avance des radicules de l'arbre nerveux vers son tronc. Cette pensée en vient que l'action nerveuse va s'épurant suivant l'échelle animale, suivant l'échelle des fonctions.

Veut-on se faire une idée de cette série croissante, que l'on prenne connaissance de la classification qu'en donne le docteur Polaillon, en ayant soin toutefois de la transposer.

A la périphérie, ce sont des ganglions invisibles à l'œil nu, formés quelquefois d'un seul globule ganglionnaire; d'autres fois, de trois ou quatre ou d'un plus grand nombre. Ils se trouvent sur les bifurcations des filets terminaux qui vont s'anastomoser avec d'autres filets voisins sur les branches périphériques du grand sympathique, dans la trame du cœur, du poumon, dans les parois du tube digestif, autour des conduits excréteurs des glandes, dans les plexus caverneux, etc.

Plus haut, ce sont les plexus primaires, plexus pharyngien, cardiaque, solaire, hypogastrique et leurs émanations en plexus secondaires.

Au-dessus, c'est la chaîne du cordon sympathique (ganglions cervicaux, dorsaux, lombaires et sacrés, auxquels doivent être réunis le ganglion opthalmique, sphéno-palatin, otique, sublingual, sous-maxillaire).

Au haut de l'échelle, se trouvent les ganglions spinaux, ceux du grand hypoglosse, du pneumo-gastrique, du glosso-pharyngien, le ganglion géniculé, celui de Gasser; à la rigueur, ceux de tous les nerfs de la sensibilité spéciale.

Telle est sa classification pour les ganglions périphériques; nous pourrions y adjoindre les amas ganglionnaires des centres nerveux.

Ajouter enfin :

Qu'on ne passe peut-être pas brusquement des animaux dénués de tout système nerveux à ceux chez lesquels toutes les fonctions de relation s'exécutent exclusivement au moyen de ce système; qu'il n'est pas impossible que chez ces animaux, que Dugès réunissait à d'autres sous le nom de *neuromyaires*, il y eût encore une sorte de diffusion des fonctions de motilité et d'excitabilité sensitive. (VULPIAN, p. 45.)

Que dans le feuillet cutané se trouvent les corpuscules de Paccini, de Meisner, les plaques de Rouget, les organes des sens, c'est faire concorder le commencement et la fin, c'est dicter, on peut le dire, les déductions qui ressortent des faits précédents.

Nous les traduisons ainsi :

Le tissu nerveux est le dernier à entrer en ligne. Son mode d'apparition, ses conditions de développement, ses dispositions de détail et d'ensemble entraînent toujours cette conviction qu'à l'état de simple conducteur tout d'abord, il combine de plus en plus ses apports pour des résultats de plus en plus complexes; que, tenant des appareils primordiaux des éléments de spécialité, il combine ces derniers dans ses centres, de manière à en multiplier les effets, laissant effleurir en dernier lieu, si on peut s'exprimer ainsi, ce qui en caractérise le côté intellectuel, ce qui en constitue le génie.

Les réflexions suivantes en seront une première preuve.

Importance de l'extrémité périphérique des nerfs. — Un premier fait démontrant cette importance est le suivant :

Chez la grenouille, le lingual est fourni par le nerf vague; chez l'homme, il est une dépendance de la 5e paire.

De deux choses l'une, ou le noyau central est l'origine d'un nerf, ou il n'est que son lieu de raccord. Dans l'espèce, la première supposition amènerait à cette conséquence étrange, qu'un nerf respiratoire se transformerait, dans son trajet, en nerf de la sensibilité générale. La seconde, au contraire, fournit une explication très satisfaisante de cette variante. Venu de la muqueuse linguale et de celle du pharynx, des gencives, des amygdales, des glandes sous-maxillaires et sublinguales, le filet lingual apparaît comme nerf intermédiaire entre la vie de relation et le côté respiratoire de la vie organique ; rien de plus naturel dès lors que, participant du génie des filets qui fournissent au bulbe, il aille se réunir au tronc de l'un d'eux. Bien mieux, on comprend que chez la grenouille, être inférieur, le contingent organique l'emporte et détermine sa jonction au cordon du pneumo-gastrique, et qu'au contraire, chez l'homme, être supérieur, le côté animal prédominant, il aille se réunir au filet de la 5e paire. Dans tous les cas, pareil fait tend à prouver que le point d'origine est l'élément essentiel, que celui d'arrivée aux centres est relativement accessoire, que, partant, sa position peut varier, car il n'a qu'un but de diffusion.

Deuxième fait. Dans le cas d'amputation ancienne, l'ablation de ce que l'on appelle l'extrémité terminale des nerfs entraîne, comme contre-coup, une diminution dans le volume de la moelle, mais seulement dans l'endroit où ces nerfs viennent se raccorder à l'axe médullaire, et cela, sans que la portion conservée de ces mêmes nerfs ait perdu de son calibre. Cette conclusion en découle, qu'il y a concordance entre le point d'émergence à la périphérie et celui de la réunion à la moelle, que le premier dicte le second. En admettant que la moelle fournisse les nerfs, on ne s'expliquerait guère cette atrophie interjetée ; on comprendrait plutôt que tout le cordon nerveux fût réduit, dans toute sa longueur, jusques à la surface de section.

Comme faits de même ordre, entraînant une appréciation de même nature, citons les suivants :

Une excitation électrique s'exerçant à la périphérie d'un nerf arrive plutôt aux centres que si elle est appliquée dans la continuité de ce même nerf.

L'ésérine, soit par son application directe sur les muscles, soit par diffusion au moyen de l'absorption, agit sur la *terminaison* des nerfs moteurs, de manière à leur enlever leur excitabilité. Le même effet est loin de se produire avec la même facilité, si l'on agit sur la continuité du nerf.

Les expériences du professeur Vulpian ont prouvé que le curare n'agit ni sur les muscles, ni sur les nerfs, mais s'interpose de façon à empêcher les effets de l'un sur l'autre.

L'action de l'ésérine nous permet de constater un résultat de plus, c'est que l'activité de ce poison s'exerce sur l'élément moteur lui-même, en partant probablement des muscles et remontant toute la colonne nerveuse jusques aux centres. — En effet, une même dose, suivant le mode d'administration, est tolérée ou bien devient mortelle, fournissant ainsi la preuve que ce n'est pas par la modification imprimée aux liquides de l'économie qu'elle agit, puisque la quantité absorbée est la même, mais bien par son action sur l'extrémité des nerfs. Or, la modification apportée s'exerçant sur l'extrémité périphérique des nerfs moteurs, cette présomption en découle que l'ébranlement nerveux produit va de la périphérie vers les centres.

Enfin rappelons que, dans les cas de sclérose de la moelle, toute excitation vive portée sous la plante des pieds détermine des contractions musculaires saccadées dans le membre inférieur, secousses dues, probablement, à l'empêchement qu'éprouve le dégagement de l'action nerveuse vers les centres, et que ce résultat n'a plus lieu, si on agit sur la jambe. N'est-ce pas là, comme effet d'ensemble, ce que nous venons de constater pour chaque nerf en particulier ?

Ici s'arrêteront nos considérations générales. Dans le chapitre suivant, nous rechercherons l'application de nos données dans le domaine de la vie organique.

CHAPITRE III

Notre intention, dans ce chapitre, est de soumettre à notre interprétation le domaine du grand sympathique ainsi que celui du pneumo-gastrique.

Grand sympathique. — Une remarque doit précéder. Si on considère le tube digestif dans son ensemble, on s'aperçoit bien vite qu'il est sous forme d'un double cône, allant se compliquant vers chacune de ses extrémités, complications dues par en haut aux appareils de la digestion, par en bas à ceux de la défécation ; mais rien n'empêche, en effet, de supposer le travail élabôrateur de la matière alimentaire comme s'étant fait en dehors d'un organisme, et cela d'une manière assez parfaite pour que les détritus puissent être négligés. — C'est, du reste, à peu près ce qui a lieu chez le fœtus, — et l'on comprendra que l'iléon constitue le point centre, qu'en lui se trouve le vrai représentant du feuillet muqueux.

C'est donc à lui que devra s'adresser notre étude.

Comme vue d'ensemble, nous dirons qu'il offre deux surfaces, l'une muqueuse qui établit le courant, l'autre séreuse qui le réfléchit, cela en s'en tenant au point de vue de l'intestin.

Sa composition intime, nous allons la prendre dans Kolliker, et, pour plus de clarté, nous partirons des hauteurs d'une villosité intestinale pour arriver à la surface péritonéale.

Plongeant dans la matière alimentaire, on trouve une substance amorphe, spéciale, analogue à la cuticule des plantes; sous-jacent à celle-ci, un lit de cellules; plus profondément, une substance conjonctive homogène, rarement fibrillaire, sans mélange de tissu élastique; dans l'épaisseur de cette couche, un réseau sanguin; tout contre, l'élément contractile; tout-à-fait au centre, probablement une lacune lymphatique.

Descendant de l'éminence villeuse sur le terre-plein de la muqueuse, on voit les mêmes éléments reparaître, cuticule amorphe, lit de cellules. Deux appareils s'ajoutent; ce sont d'abord les glandes de Lieberkühn, puis au-dessous les follicules clos, tous deux reposant sur le tissu sous-muqueux. L'élément contractile se continue à l'état de fibre-cellule entre les glandes et les follicules clos et ne se révèle avec ses caractères de fibre lisse que dans les deux couches musculaires de l'intestin.

Dans le tissu sous-muqueux existe un premier réseau de cellules nerveuses, puis viennent les deux couches de muscles lisses, séparées encore par un nouveau réseau de cellules nerveuses; enfin se présente le péritoine avec son tissu de fibre conjonctive et élastique et son épithélium pavimenteux.

Tel est l'exposé succinct des parties que présente tout fragment d'intestin grêle.

L'examen du détail de quelques-uns des arrangements pris par la nature en vue de la fonction, va nous initier au but physiologique.

En effet, par la cuticule de la muqueuse se dialyse le plasma, et tout est ordonné dans ce sens.

Dans la villosité intestinale, dans cette éminence immergée dans la matière alimentaire, nous trouvons une irrigation sanguine analogue à celle que nous avons vue exister sur la vésicule ombilicale, sur l'allantoïde (2 ou 3 artérioles pour une veinule), condition de calorification des plus favorables, qui prépare et favorise l'absorption.

A la surface de la muqueuse, c'est un réseau qui se continue directement avec des veinules qui ne font que glisser entre les glandules et les follicules pour se rendre directement dans le tissu sous-muqueux, et y arrive à l'état de canaux d'approvisionnement.

Les follicules clos, vrais réseaux lymphatiques, obéissent à la même indication.

Les glandes de Lieberkühn seules, par leur lacis artériel, se dénotent comme occasion de déchet et peut-être comme un premier moyen d'épuration.

Ces divers réseaux s'anastomosent entre eux et finissent par fournir à deux colonnes sanguines, l'une artérielle, l'autre veineuse, dans le tissu sous-muqueux. Que l'on réfléchisse à la tension résultant du régulateur cardiaque, et l'on comprendra que ces colonnes maintiennent une position déjà acquise, tout en ouvrant des voies nouvelles au plasma pour des destinées ultérieures.

Ne suffit-il pas, en effet, de songer à cette harmonie si concordante entre le mode d'irrigation et le but fonctionnel pour arriver à cette pensée que la disposition vasculaire se fait sur place, et que le cœur n'a d'autre but que de favoriser les anastomoses, l'endiguement des vaisseaux et d'envoyer de nouveaux moyens d'action opérer sur le blastème?

Pour étayer d'une grande autorité non pas notre conclusion, mais la remarque qui l'a amenée, empruntons à Kolliker la phrase suivante. Ayant décrit la circulation de la muqueuse gastrique, il ajoute :

Cette disposition permet d'expliquer comment l'estomac peut être à la fois le siége d'une sécrétion abondante (par les capillaires profonds) et d'une résorption active (par les réseaux superficiels).

Cette réflexion, il la reproduit à propos de la muqueuse intestinale (pages 454-462).

Arrivé à l'élément nerveux, nous trouvons une nouvelle preuve de la légitimité de l'allégation que nous avons déjà émise, qu'il est le dernier à entrer en ligne. Les réseaux de Meisner ne sont reconnaissables qu'en arrière des appareils fondamentaux de la muqueuse intestinale.

Résumant l'ensemble de ces données, vivifiant le tableau et traduisant notre pensée dans un style imagé, nous dirons : dans la cuticule on doit voir la ligne de transit, dans les cellules et leur plasma le trafic, dans les glandes de Lieberkühn un bureau de déchet, dans les follicules clos un bureau de vérification ou d'appropriation, dans l'élément artériel la presse des affaires, dans l'élément veineux son modérateur, dans l'élément lymphatique et veineux les moyens de communication, dans l'élément contractile la vie du marché, dans le feuillet péritonéal l'assiette et la limite du même marché, marché dont le retentissement va se perdre dans la grande cavité séreuse. Ajoutons que tout ce mouvement d'affaires s'accomplit à distance de l'action nerveuse, du moins en tant qu'élément anatomique figuré.

Élevons-nous maintenant à une vue philosophique, demandons-nous ce que représente à nos yeux l'intestin grêle. L'intestin grêle représente à notre esprit, par lui-même, un état plastique fait; par ses fonctions, par les voies de communication qu'il ouvre, un état plastique à venir, à principes déjà plus épurés.

Parcourons l'iléon dans toute sa longueur, que trouvons-nous? Toujours le même groupe d'éléments. A quel ordre de nerfs vient-il correspondre? Au système du grand sympathique.

Raisonnant d'après notre interprétation, nous arrivons à ceci : que le tube intestinal, dans la partie qui est caractéristique de la fonction, que l'iléon, multiple dans tout son parcours d'un même ensemble organique, apparaît comme symbole de ravitaillement d'un état plastique, et que les appareils qui s'y emploient existent en avant des réseaux de Meisner, portion périphérique du grand sympathique, la première sous forme d'élément anatomique figuré, du moins appréciable.

Agglomérations cellulaires spéciales. — L'intestin grêle, représentant principal, comme nous venons de le voir, du feuillet muqueux, en outre de son existence à lui propre, est la porte d'entrée pour l'alimentation d'états plastiques futurs, à l'état de virtualité dans le germe.

Chercher à se rendre compte de ce que seront ces états plastiques, ces agglomérations cellulaires à venir, c'est se reporter au passage où nous avons parlé d'une économie vivante au point de vue du *parasitisme* ou *décentralisation*, c'est se figurer tout organisme comme un canevas sur les mailles duquel sont venus s'enter les divers appareils de la vie. Il suffit de se rappeler nos remarques à ce sujet, de se remémorer la circulation veineuse, le réseau, les lacunes lymphatiques, les cellules à plasma qui s'utilisent à la constitution de ce que l'on a désigné sous le nom de *substance conjonctive*, pour comprendre que ce fonds commun, que cette gangue qui englobe tout, où tout s'encastre, est aussi l'intermédiaire par qui tout se nourrit. Eh bien ! ce que l'on aurait pu deviner en sachant que cette substance conjonctive est un dérivé, une continuation du feuillet muqueux, c'est que le grand sympathique affecte vis-à-vis d'elle des rapports analogues à ceux que nous avons vus exister pour l'iléon.

L'exposé suivant va prouver qu'il en est bien ainsi, va nous montrer les filets sympathiques apparaissant à distance, sur les confins des appareils spéciaux.

Commençons d'abord par l'extrémité céphalique, contenant et contenu ; et d'abord, apprenons d'après Virchow quelle idée on doit se faire de la substance nerveuse.

Outre les parties nerveuses spéciales, on rencontre encore dans le système nerveux un second tissu qu'on peut ranger dans ce groupe si important et si répandu dans tout l'organisme, que je vous ai fait connaître sous le nom de *tissu de substance conjonctive*.......

La névroglie est traversée par des vaisseaux qui sont séparés de la masse nerveuse par une couche intermédiaire peu épaisse, il est vrai, mais suffisante pour empêcher le contact immédiat. La névroglie se trouve encore, sous la forme extrêmement molle qu'elle possède, dans les organes centraux, particulièrement au cerveau, dans les parties qu'on peut considérer comme des prolongements directs de la substance cérébrale, les organes des sens supérieurs. Ainsi, les nerfs olfactifs et auditifs possèdent la même structure molle de la substance intermédiaire, tandis que les autres nerfs, et cette différence se rencontre déjà dans les nerfs optiques, sont remarquables par l'apparition d'un tissu conjonctif plus dense, présentant presque le caractère du périnèvre. (*Path. cell.*, p. 254.)

Canevas commun, cellule nerveuse, tube nerveux, telles sont les trois parties constituantes de toute substance nerveuse. Etudions, à leur occasion, le mode d'apparition des filets sympathiques, n'oubliant pas que, suivant notre interprétation, leur parcours doit être transposé, les filets de la périphérie se dirigeant vers la moelle par la chaîne sympathique.

Des filets venus du *tuber cinereum* s'irradient sur l'hypophyse. Suivant Rochdeleik, d'autres viennent de la pie-mère qui recouvre le bulbe, la protubérance, les pédoncules cérébraux.

Dans l'intérieur du crâne, on en trouve sur les nerfs moteurs oculaires communs, sur les nerfs moteurs oculaires externes, sur les pathétiques, sur les trijumeaux, sur les nerfs optiques.

Le facial en présente à son premier coude, dans l'aqueduc de Fallope, le glosso-pharygien, au niveau du ganglion d'Andersch, le grand hypoglosse, le spinal, le pneumo-gastrique, à leur sortie du crâne.

Si des cordons nerveux on passe aux conduits vasculaires, on remarque une disposition analogue.

Kolliker a réussi à suivre des filets nerveux dans la substance même du cerveau, jusque sur des artères de 0m 90 et moins (p. 350).

Des filets viennent des artères cérébelleuses postérieures et inférieures, des cérébelleuses antérieures et supérieures, d'autres des cérébrales soit antérieures, soit postérieures, pour fournir et aux plexus basilaires et aux plexus caverneux, plexus auxquels se rendent du reste ceux que nous avons énumérés plus haut.

Tous finalement se rendent par le canal carotidien à la chaîne cervicale sympathique, pour de là gagner la moelle avec les premières paires cervicales, cela en-dessous de la région de l'entrecroisement.

De l'intérieur du crâne se porte-t-on sur le squelette osseux, sur les téguments, on constate qu'il en est de même.

Citons, d'après Bourgery, les anastomoses suivantes (et pour nous anastomose veut dire point de ralliement): des filets venus du rameau temporal du facial et du rameau auriculo-temporal du trijumeau s'accolent à des filets venus de l'artère temporale superficielle. D'autres, venus de l'occipital, s'adjoignent à d'autres parus sur l'artère occipitale, etc.

Ce que nous venons de constater pour l'extrémité céphalique, nous le constaterions de même pour la cage thoracique, pour la cavité abdominale et pour leurs dépendances.

De ce qui précède cette conséquense découle que de tout ensemble plastique, quelle que soit sa nature, finissent par se dégager des filets sympathiques.

Maintenant existe-t-il une raison anatomique qui

puisse faire supposer que ces filets, partis de la périphérie, se portent vers les ganglions, constituent la chaîne sympathique, et de là viennent fournir à la moelle? Laissons la parole au professeur Longet.

Parlant des rameaux externes de la portion thoracique du grand sympathique, il s'exprime ainsi :

Ils descendent manifestement des nerfs intercostaux aux ganglions thoraciques, forment en partie l'origine du grand sympathique, et ne sauraient être, par conséquent, regardés comme de simples moyens d'anastomoses. (P. 533, t. II.)

Plus loin, parlant du grand nerf splanchnique, il dit :

Ce cas était surtout curieux sous ce rapport qu'après une macération prolongée dans l'eau acidulée par l'acide azotique et la destruction préalable du névrilème, il permit de reconnaître la continuité des racines du grand splanchnique avec les filets des nerfs intercostaux (p. 535).

Ce langage, qui paraît s'imposer à lui, quoique en désaccord avec la direction qu'il suppose à l'influx nerveux, corrobore jusqu'à un certain point notre manière d'interpréter l'action du grand sympathique.

Ajoutons la citation suivante :

Le grand sympathique est loin d'être exclusivement destiné aux artères, comme l'ont pensé quelques anatomistes; c'est à peine s'il fournit quelques filets aux tuniques artérielles; et d'ailleurs, malgré l'opinion contraire de Lancisi, les artères des membres en sont complètement dépourvues, du moins en apparence; au contraire, on voit les rameaux du grand sympathique, enlaçant les artères du tronc, aboutir à des organes glanduleux, à des membranes muqueuses et à des parties sur la contraction desquelles la volonté n'a aucune influence. On ne saurait donc se refuser à croire qu'il préside aux sécrétions glandulaires et muqueuses, ainsi qu'aux mouvements involontaires du cœur, du canal intestinal, des canaux excréteurs, des vésicules séminales, de l'utérus, etc. (Longet, p. 505, t. ii.)

Nous sommes loin d'admettre une manière de voir que nous allons combattre tout à l'heure. Nous répéterons seulement que le grand sympathique, continuation, représentation des états plastiques d'un corps vivant, est et devait être *ubiquiste*, et que ses filets par la chaîne sympathique viennent gagner la moelle épinière sur toute sa hauteur.

Le grand sympathique est-il le promoteur de la vie organique?

A cette question, les résultats suivants répondront non. Nous allons les produire par ordre :

Nutrition. — M. Schiff coupe sur un mammifère les nerfs qui animent un des membres, par exemple, le nerf sciatique et le nerf crural d'un côté. On laisse vivre l'animal, et s'il était jeune au moment de l'opération, on reconnaît au bout de quelques mois qu'il s'est produit une augmentation plus ou moins considérable du volume des os de la jambe et du pied du côté opéré.

A l'objection qui pouvait être faite à cause du repos forcé du membre, le même opérateur répond par l'expérience suivante :

Il coupe sur un animal le nerf maxillaire inférieur d'un côté, et quoique le mouvement soit conservé pour la totalité de l'os, on observe une augmentation de la grosseur de l'os du côté correspondant au nerf coupé avec raréfaction du tissu osseux.

Dans des expériences analogues portant sur le pied, non seulement les os s'hypertrophient, mais des productions osseuses de nouvelle formation tendent à souder les os du tarse les uns avec les autres. (Vulp., p. 849-60.)

Pour nous rendre compte de cet excès de nutrition,

rappelons qu'à tout nerf de la vie de relation sont associées des fibres nerveuses ganglionnaires.

Circulation. — Si on arrache le ganglion du grand sympathique au cou (chez un lapin), on voit se produire dans l'oreille, du même côté, une dilatation manifeste des vaisseaux, et comme conséquence de cet abord plus grand du sang dans les parties, augmentation de chaleur qui peut aller jusqu'à une différence de 17° avec la température du côté sain, hyperesthésie, augmentation des phénomènes de nutrition, sécrétion exagérée des glandes sudoripares, congestion et quelquefois inflammation. (CAYRADE, *Thèse.* — *Exp.* CL. BERNARD.)

On ne paralyse jamais les mouvements du cœur en coupant les nerfs qui se rendent dans son tissu ; bien au contraire, les mouvements n'en deviennent que plus rapides. (CL. B., p. 450.)

Sécrétion. — Si on paralyse complètement une glande en détruisant tous les nerfs qui s'y rendent, elle se met à fonctionner d'une manière continue. Ce qui prouve bien que l'action exercée sur elle par le système nerveux est une action de contention. En opérant ainsi on rend cette action continue, mais seulement à partir de deux ou trois jours après la section des nerfs. Ce retard du phénomène vient de ce qu'on ne peut couper le nerf qu'à son entrée dans la glande, et il faut alors, *pour que toute action nerveuse soit supprimée,* attendre que les derniers filaments du nerf qui se distribuent dans la glande soient complètement détruits par défaut de nutrition. (CL. BERNARD, p. 398.)

Cet état de sécrétion incessante dure quelques semaines, et la glande diminue de volume en subissant des changements notables dans la structure de ses tissus. Au bout de cinq ou six semaines, si on opère sur un chien de moyenne force, la sécrétion s'arrête tout à fait ; alors elle reprend, au bout d'un certain temps, son volume et son état normal. C'est que, dans l'intervalle, les nerfs se sont régénérés et la glande elle-même a pu se nourrir. (CL. BERNARD, p. 400.)

Je supprime toutes les connexions avec le grand sympathique, en coupant avec les ciseaux le plus près possible du bord mésentérique de l'intestin. Je porte l'estomac et une partie de l'intestin sur une plaque de liége. Il se passe alors un mouvement de retrait dans les fibres de l'intestin ; les bosselures et les contractions qu'avaient déterminées les précédentes excitations disparaissent. Le calibre de l'intestin devient uniforme et se rapetisse dans tous les sens, devient une corde dure à laquelle les excitations successives ne font subir aucun changement. (Cayrade, p. 92.)

Le docteur A. Moreau ouvre le ventre d'un chien à jeun, préalablement chloroformé ; il isole par des ligatures trois anses successives d'intestin, puis il coupe avec soin tous les nerfs qui se rendent à la seconde anse et il referme la plaie. Quelques heures plus tard, il sacrifie l'animal, et il trouve l'anse dont les nerfs ont été coupés plus ou moins pleines de liquides, tandis que les anses voisines, celle qui la précède et celle qui la suit, sont au contraire vides et sèches. (*Gaz des hôp.*, n° 35.)

Veut-on une contre-épreuve, au lieu de couper les filets sympathiques, que l'on agisse sur les tissus eux-mêmes en surexcitant leurs propriétés, le résultat sera le même.

La peau du crâne, le péricrâne, les méninges et surtout les circonvolutions et d'autres parties du cerveau possèdent la puissance, sous l'influence surtout d'une excitation thermique, de produire, au moins temporairement, les divers phénomènes qui suivent la section du nerf grand sympathique cervical du côté correspondant à l'excitation. (Brow Seq., *Arch. de Ph.*, 1875, p. 864.)

Ou je me trompe, ou bien la seule déduction possible est celle-ci : mouvement de nutrition, action vasculaire, contraction cardiaque, sécrétion glandulaire, sécrétion et contraction intestinales, en un mot toutes les fonctions organiques, non seulement s'accomplissent en dehors de l'action du grand sympathique, mais prennent par la suppression de son influence une activité telle que le rôle de ce dernier en est dévoilé, qu'il a celui de modérateur ; d'où ce corollaire : les nerfs n'apportent pas, mais soutirent : ainsi doit s'expliquer cet augment de recul dû à ce qu'une destination ultérieure de l'influx nerveux se trouve empêchée.

Le grand sympathique mis hors cause comme *primum movens*, on en arrive aux excitants spéciaux, on retombe dans les propriétés de tissu. Citons à l'appui le passage suivant :

Si on place à 3 ou 4 millimètres du tégument d'un lambeau du manteau ou du pied d'un escargot l'extrémité d'un fil métallique que l'on a plongé dans de l'acide acétique, les muscles sous-cutanés entrent immédiatement en contraction, les glandules excrètent une partie de leur contenu. Le résultat est le même, quelque petit que soit le lambeau excisé.

Si l'on part des lois qui régissent les mouvements réflexes chez les vertébrés, on sera conduit forcément à conclure qu'un certain nombre de fibres nerveuses qui se terminent dans la peau se rendent à des cellules nerveuses situées à une faible distance, — puisqu'elles sont contenues dans les lambeaux servant à ces expériences, — et que de ces cellules partent des fibres nerveuses motrices qui se distribuent aux muscles internes et sous-cutanés et qui sont mises en jeu par excitation réflexe. Cependant, j'avoue que je n'adopterais pas cette conclusion sans hésitation, car rien ne prouve que chez ces animaux une excitation de la peau ne puisse pas se transmettre directement aux muscles sous-jacents. (*Phys.*, *Syst. ner.*, VULPIAN, p. 755.)

N'est-on pas en droit de rapprocher de ces résultats l'effet que doit produire la substance alimentaire sur les villosités de l'iléon, par exemple ?

A ce même ordre de phénomènes ajoutons les faits suivants, dont un nous est connu déjà :

On a dit que le cœur de l'embryon de poulet se contracte avant de contenir du sang ; mais la formation du sang précède de quelques heures l'apparition des premiers mouvements pulsatiles du cœur. (PREVOST et LEBERT.)

Et encore ceux-ci :

Dans l'œuf, le sang venu des membranes se rend au cœur avant que les membranes aient reçu du sang venu de l'embryon. (ONIM., — *Thèse.*)

On a trouvé des embryons sans cœur et qui cependant étaient développés, du moins en partie, d'une manière complète. (ONIM.)

Lorsque le cœur d'une grenouille, séparé du corps de l'animal et vidé de tout le sang qu'il contenait, a cessé de battre, on peut le remettre en mouvement en introduisant quelques gouttes de sang dans son ventricule. On peut même ranimer ainsi les contractions dans des fragments de cet organe..........

Il est donc bien démontré que le contact du sang sur la paroi interne des cavités du cœur est capable de déterminer les contractions de cet organe, lors même que l'irritabilité de celui-ci se trouve affaiblie par les approches de la mort; et par conséquent il me paraît légitime de conclure qu'à plus forte raison, dans les circonstances ordinaires, la même action doit être suivie des mêmes effets. (MILNE-EDWARDS, p. 126 et 127.)

Raisonnant sur ces données, nous dirons : les actes primordiaux d'un organisme s'accomplissent sous l'influence d'excitants spéciaux ; c'est de ces premières impressions que le système nerveux reçoit ses premiers moyens d'action.

Pneumo-gastrique. — Nous l'avons déjà dit, si nous avions à isoler par la pensée les deux territoires dont l'action vient se concentrer, l'une dans le grand sympathique, l'autre dans le pneumo-gastrique, au premier nous rattacherions le plasma, le tissu conjonctif, l'élément veineux et ses dépendances ; au second, l'élément artériel et, comme étant ses tributaires, les appareils spéciaux, lors de leur action.

La vie résulte, en effet, d'un double mouvement, mouvement d'apport et de composition d'un côté, de décomposition et de départ de l'autre ; le grand sympathique enregistre dans les centres nerveux le premier ; le pneumo-gastrique, le second.

Nous venons de faire valoir les raisons qui nous ont autorisé à interpréter ainsi le domaine du grand sympathique ; une même manière de voir étant applicable au pneumo-gastrique, ce que nous avons à en dire en sera restreint d'autant. Nous nous en tiendrons aux indications afférentes à notre sujet.

Il est avéré que ses filets se détachent de tous les appareils qui fournissent à la digestion, aussi de toutes les dépendances du tube aérien.

Au point de vue anatomique et pour l'appareil digestif, on ne saurait émettre quelques doutes qu'à propos du duodénum et des glandes salivaires.

Au sujet du premier, voici ce que nous trouvons dans Kolliker :

A la surface interne du duodénum apparaît une couche continue de glandes en grappe qui atteint sa plus grande épaisseur tout près du pylore, où elle constitue un anneau glandulaire très considérable, qui s'étend jusqu'au voisinage de l'embouchure du canal cholédoque. Ces mêmes glandes se retrouvent dans cette région pâle de la muqueuse gastrique qui avoisine le pylore.

Mettons en regard le passage suivant de Longet :

Nous sommes loin de garantir l'exactitude d'une semblable distribution de la part du pneumo-gastrique droit. C'est tout au plus si nous oserions admettre que de fines divisions de ce nerf parviennent jusqu'au commencement du duodénum. (*Syst. nerv.*, p. 542.)

Passons aux glandes salivaires. Leur innervation se ferait ainsi, d'après Kolliker :

Des filets nerveux émanés du plexus carotidien externe pénètrent dans les glandes salivaires en même temps que les vaisseaux. En outre, le ganglion lingual (lingual et corde du tympan) fournit aux glandes sous-maxillaires et sublinguales ; le facial et probablement le nerf auriculaire antérieur, à la parotide. (P. 411.)

Il est dit, d'un autre côté, dans les leçons du Dr Jaccoud :

Le nerf facial contient bien des filets vaso-moteurs, mais ces filets lui viennent du pneumo-gastrique et non pas du sympathique. La découverte de ce fait est due au professeur Schiff (p. 367).

Faisant comme toujours de la prétendue terminaison des nerfs leur commencement, il en résulte que duodénum et glandes salivaires sont reliés au pneumo-gastrique.

De l'appareil digestif portant nos investigations sur le canal aérien, nous trouvons que les filets nerveux se montrent en plus grand nombre sur les dernières ramifications bronchiques et sur les dernières divisions de l'artère pulmonaire, c'est-à-dire dans les points où l'air, se mettant en contact avec le sang veineux, fournit à l'hématose.

Le cœur enfin se présente dans des conditions analogues. Son ventricule gauche reçoit beaucoup plus de filets nerveux que le droit.

A cette heure, quittant la partie périphérique du nerf, abordons les centres nerveux, étudions le plancher bulbaire du quatrième ventricule. De chaque côté du sillon médian existent deux petites éminences : l'une en bas, connue sous le nom d'aile blanche, correspond au noyau du nerf grand hypoglosse; l'autre un peu plus haut et plus en dehors, désignée sous le nom d'aile grise, a à sa base le noyau du spinal, au milieu celui du pneumo-gastrique, en haut celui du glosso-pharyngien. Plus haut encore on trouve le genou du facial. Ces noyaux sont les aboutissants de nerfs qui tous concourent plus ou moins à la respiration. Disons-le par avance, le pneumo-gastrique règne là en maître; les autres peuvent être considérés comme ses tributaires, car tous dans leur trajet lui fournissent leur contingent, sous forme d'anastomose.

Ces détails anatomiques connus, apprécions leur côté physiologique.

Vient-on à couper les deux pneumo-gastriques, la fonction se continue quand même, mais bientôt apparaissent des désordres analogues à ceux que nous avons vus survenir après la suppression des filets du sympathique, un augment cellulaire, désordres que l'on peut aussi rapprocher de ceux qui surviennent dans la queue du jeune têtard séparée du reste du corps vers le 10e jour.

Sectionne-t-on seulement un des pneumo-gastriques, l'animal déchoit dans sa vitalité, passe de l'état d'animal à sang chaud à celui d'animal à sang froid.

Irrite-t-on le pneumo-gastrique, le cœur peut s'arrêter en diastole, mais pour reprendre son jeu après un certain temps d'arrêt; phénomène d'épuisement nerveux momentané.

Un même mode d'expérimentation, transporté sur le plancher du quatrième ventricule, donne lieu aux résultats qui suivent :

Si on coupe un peu en arrière du V de la substance grise, les mouvements respiratoires du tronc sont abolis, ceux de la face persistant quelque temps encore ; si la section a lieu un peu en avant, ce sont les mouvements respiratoires de la face qui s'éteignent, ceux du tronc se continuent ; que l'on sectionne entre les deux, et tout est aboli.

Pareilles données, si je ne me trompe, dictent leurs corollaires. Traduisons-les en disant : le pneumo-gastrique est non le promoteur, mais le régulateur de la fonction de respiration. Puisant son influx dans une action cellulaire, il apporte aux centres nerveux le bilan des dépenses faites et indique la balance à rétablir, n'importe quel désaccord étant survenu. Les nerfs, ses congénères, s'harmonisent avec lui dans ce but. Leurs apports venus de points divers n'entrent en communauté d'action que dans le *nœud vital*.

Arrêtant ici cette étude et la résumant, nous dirons :

chaque organe par les filets sympathiques vient en quelque sorte se boucler dans la moelle épinière et y porter ses impressions, cela depuis son extrémité inférieure jusqu'à l'entrecroisement sous-bulbaire.

L'appareil qui reçoit l'excitation du dehors obéit à la même loi. Etageant son centre d'activité au-dessus, dans la moelle allongée, il complète l'œuvre de vie. C'est probablement à la conjugaison des deux influences ci-dessus qu'est due la faculté qu'a toute existence de pouvoir se maintenir par l'échange de nouveaux matériaux, par des combinaisons nouvelles, par l'expulsion loin de son économie des produits de désassimilation.

CHAPITRE IV.

Les faits énoncés dans les chapitres précédents ont établi d'une manière générale ce principe, applicable aussi bien à l'animalité entière qu'à n'importe quel système organique, que la propriété du tissu est le point de départ de toute fonction. S'attachant au côté plastique d'une économie, ils nous ont fait voir deux colonnes nerveuses, d'ordre différent, mais à destination la même, s'élevant des différents organes pour venir constituer dans les centres nerveux ce que l'on pourrait appeler l'*axe de la vie organique*.

Maintenant, poursuivant notre étude, abordant un autre terrain, pour compléter notre interprétation et la rendre logique, que faudrait-il? Montrer que la même règle préside à l'agencement des divers éléments qui fournissent à la vie de relation, que c'est par un même mode que continue à s'édifier le myélencéphale, assertion qui, il nous le paraît, trouverait sa sanction dans les constatations suivantes, ajoutées à celles que nous connaissons : apparition des différentes parties du myélencéphale concordant avec les besoins premiers de la vie, constituant ainsi le siége principal de chaque fonction; affluents nerveux de la vie de relation arrivant de la périphérie et formant comme un revêtement à la vie organique; ordonnance à peu près la même pour les stratifications qui font suite aux nerfs de la sensibilité et de la motilité volontaires; aménagement des nerfs des sens spéciaux analogue à celui des nerfs de la sensiblité générale; grandes circonscriptions territoriales ayant leur correspondance dans les centres nerveux; disposition du réseau nerveux central, similaire, mais à l'inverse du réseau périphérique; enfin coordination hiérarchique dans le sens spino-cérébral.

Seulement, remplir un pareil cadre est bien au-dessus de nos forces, et n'est certainement pas encore dans les moyens de la science. Aussi notre intention se bornera-t-elle à présenter une série de faits qui seront comme autant de jalons destinés à étayer notre manière de voir et à prouver qu'elle repose sur des errements vrais.

Dans ce chapitre nous nous bornerons à traiter les trois premières propositions.

L'apparition des différentes parties du myélencéphale concorde avec les besoins premiers de la vie, et c'est sur les points apparus que la fonction établit son siége principal. — Dans les centres nerveux, la substance grise est la première formée. La substance blanche est de formation secondaire. Son rôle paraît être d'établir l'accession, ou le raccord du système nerveux périphérique à la substance grise. Par le fait, avant les faisceaux de substance blanche existent déjà les racines et les ganglions rachidiens, aussi la partie initiale des nerfs spinaux. (*Dict. encycl.*, CAMPANA.)

D'abord viennent les zônes radiculaires de la substance blanche, puis les faisceaux médians de Goll.... C'est par la région cervicale que commence leur apparition, ce n'est qu'une semaine ou deux après que la même évolution s'effectue à la région dorsale. (PERRET, *Arch. de Ph.*, 1873, p. 537.)

Quelle déduction tirer des faits qui précèdent ? Que les grandes fonctions de nutrition, de circulation et de respiration, — fonctions toutes communiquées d'abord, — étant les premières à entrer en ligne, c'est le point qui doit leur servir de raccord qui se constituera aussi en premier lieu dans l'axe médullaire.

Du reste, pour le myélencéphale entier il en est de même

Chez les nouveaux-nés, le bulbe et la moelle sont de toutes les parties des centres nerveux celles qui, sans être parfaites, sont dans l'état le plus voisin de celui qui sera définitif. Après vient le mésocéphale, puis le cervelet, enfin les hémisphères cérébraux. (PARROT, *Arch. de Ph.*, 1872, p. 64.)

Et tout cela est dans l'ordre et concorde avec notre manière de voir. Il serait assez original, en effet, que les organes qui doivent être le point de départ fussent les derniers à se constituer !

Non seulement la colonne cervicale se constitue en premier lieu, mais nous trouvons que les lésions des cordons latéraux de la moelle, dont les limites anatomiques ne descendent guère au-dessous de la région cervicale et qui, selon les prévisions de Ch. Bell, servent effectivement de conducteurs exclusifs aux excitations respiratoires, dépriment ou abolissent les mouvements des muscles thoraciques et du diaphragme. De même les phénomènes de l'hématose seront abolis dans leur ensemble, si la moelle allongée vient à supporter le même genre d'altération.(EM. BERTIN, *Dict. encyc.*, p. 658.)

A ce sujet nous rappellerons comme contre-épreuve

l'atrophie médullaire consécutive à une amputation d'ancienne date, atrophie limitée à la portion de moelle correspondant aux nerfs périphériques.

Pour la vie de relation comme pour la vie organique, les affluents nerveux viennent de la périphérie et forment dans la moelle comme un revêtement à l'axe de la vie organique. — Nous avons déjà parlé de ce grand courant ascendant qui se subdivise en courants secondaires à l'isthme de l'encéphale; les expériences suivantes vont nous montrer que motilité et sensibilité obéissent à une même force ascensionnelle.

Lorsque la section de la moelle épinière est faite vers le bec du *Calamus scriptorius*, ou si, ce qui revient à peu près au même, l'animal est décapité, il y a augmentation de la puissance excito-motrice de toute la moelle. (P. 466, d[r] Vulpian.)

Par puissance excito-motrice, on entend les phénomènes de sensibilité et de motricité accumulés dans la moelle. Ici la sensibilité n'est pas perçue, mais si l'on pouvait avoir des doutes à son sujet, il suffirait de se reporter à l'expérience suivante :

Lorsque l'*hémisection* de la moelle est faite dans la région cervicale, on observe une hyperesthésie très considérable dans les deux membres du côté opéré. Si même elle est pratiquée près du bulbe rachidien, on observe, en même temps que les phénomènes indiqués pour les membres, une hyperesthésie plus ou moins manifeste de l'oreille du côté correspondant et une anesthésie plus ou moins marquée de l'oreille du côté opposé. (Dech., p. 407, prof. Vulpian.)

Dans ce cas l'impression est perçue et l'augmentation de la sensibilité ne saurait pas être mise en doute.

Quant aux phénomènes de contractilité musculaire, ils ont subi des effets analogues.

Ce n'est pas seulement la sensibilité qui est augmentée dans le membre ou dans les membres du côté correspondant à une lésion unilatérale des parties postérieures de la moelle, c'est aussi le mouvement réflexe qui y devient plus vif, plus prompt et plus étendu. (Dech., p. 409.)

Comment méconnaître une sorte de *vis à tergo* se heurtant au barrage imposé? Toutefois, ces effets provenant d'un ensemble médullaire, admettons qu'à la rigueur il y ait prise au doute, et pour n'en point laisser, citons les expériences suivantes qui, s'adressant à un cantonnement plus restreint, au point d'implantation des racines rachidiennes, entraîneront cette conviction que ces dernières jouent bien le rôle d'affluents nerveux vis-à-vis de l'axe médullaire.

Lorsqu'on pratique une hémisection de la moelle épinière, les radicules postérieures les plus rapprochées de la lésion et situées en avant d'elle deviennent beaucoup moins sensibles, tandis que celles qui sont situées en arrière de cette lésion conservent leur sensibilité et même deviennent hypéresthésiques. (Dech., p. 376.)

Il est bon de rappeler qu'en pénétrant dans la moelle, ces radicules divergent et que plusieurs des filets peuvent avoir été sectionnés.

Si on met à nu la moelle dans une longueur de 8 à 9 centimètres et qu'on enlève les cordons postérieurs en haut et en bas sur la région ainsi découverte, de façon à laisser intact au milieu de cette région un tronçon des faisceaux postérieurs de 3 centimètres environ de longueur, en irritant ce tronçon on produit une douleur évidente, si toutefois ce tronçon correspond à la région d'origine d'au moins une paire nerveuse. (DECH., p. 376.)

Si on pratique une section longitudinale de la moelle et qu'on la termine en haut par une section unilatérale et transversale de la moelle, de manière à comprendre sur ce tronçon ainsi séparé l'espace correspondant à l'insertion de trois paires nerveuses, des trois racines ainsi mutilées, la première est devenue à peu près insensible, la deuxième moins sensible, la troisième très sensible.

Nous pourrions multiplier ces citations, apporter d'autres faits analogues; mais ceux-ci nous paraissent suffisants pour montrer que toujours, dans les cas de section de la moelle épinière, toute paire nerveuse ayant ses moyens de communication avec ce centre nerveux intacts et aboutissant au-dessous de la lésion, présentera une turgescence vitale, une surabondance d'activité demandant à être dépensée.

Aussi, quoique ces vivisections n'aient pas été instituées dans ce but, cette probabilité en découle, que toute paire nerveuse peut être considérée comme un affluent des centres nerveux.

Une contre-épreuve se présente d'elle-même. Que l'on supprime ces affluents, et la puissance du centre nerveux en sera diminuée d'autant. Les faits suivants nous paraissent répondre à ce *desideratum*.

On coupe sur un mammifère les racines des cinq ou six derniers nerfs dorsaux et des deux premiers nerfs lombaires du côté droit; l'animal ayant été laissé en repos pendant quelque temps après l'opération, on trouve que le mouvement volontaire est affaibli dans le membre postérieur droit et que la sensibilité y est exagérée, tandis que, dans le membre postérieur gauche, la sensibilité est notablement affaiblie, etc.

Si l'on coupe du côté gauche, sur un animal ayant subi

l'opération précédente, les mêmes racines que celles qui ont été coupées du côté droit, la motilité diminue dans les deux membres postérieurs et il en est de même de la sensibilité.

Si la section des racines porte, des deux côtés, sur celles qui naissent de la région lombaire de la moelle, on constate que les segments des racines postérieures qui tiennent encore à la moelle épinière et les faisceaux postérieurs ont perdu leur sensibilité jusque vers le milieu de la région lombaire.

On coupe toutes les racines des nerfs sur un cobaye, depuis la cinquième vertèbre dorsale jusqu'à la troisième vertèbre lombaire ; on constate alors qu'en irritant soit une partie de la moelle cervicale, soit la moelle dorsale, on ne provoque aucun mouvement dans les membres postérieurs.

Enfin, sur un chien nouveau-né, on lie les deux carotides, on coupe transversalement la moelle épinière, en arrière du bulbe rachidien, puis on sectionne les racines des huit dernières paires dorsales et des deux premières paires lombaires ; on reconnaît alors que l'excitation des membres antérieurs ne provoque de mouvements réflexes que dans ces membres et que l'excitation des membres postérieurs ne produit pas de mouvements réflexes dans les membres antérieurs. (Dech., p. 436.)

L'appréciation de ces nouveaux faits, si je ne me trompe, en tenant compte des synergies de la vie, entraîne encore cette présomption, qu'il s'agit là d'une atonie nerveuse due à un déchet, à un défaut d'apport d'influx nerveux par les paires rachidiennes.

Ajoutons enfin qu'on ne saurait mettre les troubles nerveux sur le compte de l'irritation traumatique, car ils peuvent durer très longtemps, quelquefois autant que l'animal survit.

Non seulement l'influx nerveux arrive à la moelle de la périphérie, mais les tensions fonctionnelles qui en résultent et qui s'établissent dans celle-ci sont en harmonie de position avec leur source d'origine et forment dans la moelle comme un revêtement à l'axe de la vie organique.

Nous avons déjà vu la fonction de respiration se confondre avec les cordons latéraux de la colonne cervicale, les résultats suivants sont autant de faits, ou bien pathologiques, ou bien dus à diverses expériences faites sur la moelle.

C'est dans les profondeurs vagues du milieu médullaire que paraît se rendre l'apport du système de la vie organique. Le contre-coup des souffrances de ce milieu se traduit à la périphérie par de l'atrophie ou autres troubles nutritifs.

Les sphincters ont un rôle à part, dont l'importance ne saurait être contestée. Leur innervation paraît être le résultat d'un effet d'ensemble ; telle est du moins l'impression qui ressort de la constatation suivante : Si une compression siége dans la moelle au niveau de la région dorsale ou au-dessus, il y a constriction forcée, tout travail au-dessus, soit médullaire, soit cérébral, ayant pour la moelle un effet de dégagement ; si la compression est très basse, c'est le relâchement qui a lieu ; il y a incontinence. (Desch., moelle ép , p. 670.)

D'après Brow-Séquard, il existerait dans la moelle des conducteurs spéciaux pour les diverses impressions sensitives, douleur, toucher, température, chatouillement, car une ou plusieurs de ces espèces de sensibilité peuvent disparaître alors que les autres restent intactes. Les impressions de froid, de chaleur, aboutiraient aux parties grises centrales. Les impressions pour la douleur seraient plus disséminées, mais existant surtout dans les parties postérieures et latérales de la substance grise. Les antérieures, au contraire, seraient l'aboutissant des impressions de toucher et de chatouillement.

Les conducteurs venus des membres supérieurs sont situés plus superficiellement. Ils peuvent être seuls atteints sous certaines influences.

Le professeur Schiff, en électrisant la moelle sur les animaux avec des courants faibles d'abord, puis de plus en plus forts, obtient la flexion, puis après l'extension des membres. (Loc. cit., p. 692.)

De même, si une irritation excito-motrice est modérée, la contracture se fera en flexion ; devient-elle plus forte, il y aura extension forcée.

Peut-être doit-on rapprocher de ces résultats l'expérience suivante du professeur Brow-Séquard, expérience dénotant, ce me semble, que des influences diverses peuvent en quelque sorte, se pénétrer.

Si on sectionne les faisceaux postérieurs, au niveau du bec du *Calamus scriptorius*, les corps restiformes, quoique intacts et respectés, et ayant toutes leurs connexions avec la substance grise du bulbe et des pédoncules cérébelleux, perdent leur sensibilité.

Enfin en présomption de ce fait que certains courants nerveux suivent une ligne ascendante et se continuent pour une même action, nous dirons qu'un véritable état d'ataxie locomotrice résulte des trois désordres suivants : altération des racines postérieures ; destruction des deux cordons postérieurs de la moelle à la région dorsale supérieure ; extirpation de quelques-uns ou de tous les centres antérieurs du cerveau ; dans ces deux cas après guérison. (Expérience du prof. Schiff, *Arch. de Ph.*, année 1875, p. 413.)

Les stratifications de l'axe spinal qui font suite aux nerfs de sensibilité et de motilité volontaires ont un aménagement à peu près pareil; leur étude biologique entraîne cette présomption qu'elles s'utilisent pour un effet de centralisation. — A l'appui de l'énoncé ci-dessus, apportons d'abord un premier ordre de faits. Empruntons-le aux manifestations de sensibilité et de motilité qui apparaissent sur la ligne nerveuse, qui évolue, du feuillet cutané compris, jusques aux centres médullaires.

Examinés à la périphérie du corps, les phénomènes présentés par la sensibilité offrent assez de nuances pour que l'on ait pu distinguer la sensibilité au tact, la sensibilité à la douleur, la sensibilité thermique, etc., assez de variantes pour que le professeur Gerdy ait pu établir cinq genres de sens ou de sensations perçues. Concurremment, les jeux musculaires se traduisent par des mouvements d'ensemble, des mouvements de détail, des actions lentes, des actions brusques, travaux tous distincts et acquis par un long apprentissage.

Revient-on aux nerfs, on ne constate chez eux qu'une sensibilité à la douleur, plus intense parfois, ayant ses lieux d'élection, ses foyers de renforcement et, comme conséquence, des contractions musculaires assez incohérentes.

Sur les confins de la moelle, dans les racines rachidiennes, les deux éléments sensibilité, motilité deviennent distincts, non pas tellement toutefois que, même en ce point, on ne trouve ce que l'on a désigné sous le nom de *sensibilité récurrente*, phénomène peu expliqué jusqu'à ce jour et qui se produit dans le voisinage d'un ganglion de substance grise.

Arrivé à la moelle, ce n'est qu'en exagérant les données fournies par la physiologie que l'on peut être autorisé à admettre deux colonnes nerveuses, l'une sensitive, l'autre motrice.

A quoi se résument, en effet, les résultats acquis à ce sujet par les vivisections? A constater l'excitabilité des faisceaux de la moelle, excitabilité plus vive pour les faisceaux postérieurs, moindre pour les antérieurs, plus faible encore pour les latéraux.

Pousse-t-on jusqu'au centre de l'axe médullaire, s'adresse-t-on à la substance grise, on voit toute excitation rester sans effet.

Sur ce dernier fait, écoutons le professeur Vulpian :

Ce qui rend l'inexcitabilité de la substance grise plus intéressante, c'est que les fibres des racines antérieures et des racines postérieures naissent ou se terminent dans cette substance, qu'elles la parcourent même dans une certaine étendue. Or, les excitants expérimentaux ont l'action la plus vive sur ces fibres tant qu'elles font partie des fascicules radiculaires, et même, suivant toute vraisemblance, pendant qu'elles traversent les faisceaux blancs de la moelle, et brusquement, sans qu'on puisse voir la moindre solution de continuité ou le moindre changement essentiel de structure de ces fibres, elles perdent leur excitabilité expérimentale dès qu'elles entrent dans la substance grise. Il en est de même des fibres des faisceaux antérieurs et postérieurs..... qui perdent aussi ou n'ont pas encore leur excitabilité lorsqu'elles font partie de cette même substance grise. (Dech., p. 345.)

Un état complexe au début, qui bientôt s'unifie pour

fournir à une même réaction et qui, en dernier lieu, en arrive à une annihilation complète, est bien fait pour prêter aux commentaires. On comprendra que nous l'interrogions dans notre sens.

Une réflexion que nous avons déjà faite et que nous croyons devoir reproduire, est la suivante. Pourquoi vouloir que les nerfs procèdent des centres nerveux? Pourquoi pas le contraire? N'est-il pas anormal de leur donner pour point de départ un milieu tout à fait en désaccord avec les propriétés qu'ils devront présenter? N'est-il pas rationnel, au contraire, d'en faire de vrais tributaires de leur origine, participant du génie de cette dernière et plus tard ayant le rôle d'affluents qui apportent dans un centre commun un influx bientôt appelé à d'autres fonctions, qui créent ainsi un milieu de diffusion où ces apports épurés donnent naissance à des états complexes de plus en plus difficiles à saisir?

Cette hypothèse est d'autant plus probable qu'elle reçoit une consécration nouvelle de la direction de l'influx nerveux. Le professeur Longet nous a déjà appris que sur un animal récemment tué le principe incitateur du mouvement vient s'éteindre dans les muscles, conséquence tout à fait en accord avec nos idées, ainsi que nous l'avons déjà dit ; or, suivant le même auteur, c'est l'inverse qui a lieu pour le sentiment.

Au contraire, j'ai prouvé que le principe du sentiment, chez l'animal qui est près de mourir, se perd en suivant une marche centripète vers l'encéphale; en d'autres termes, que la sensibilité disparaît d'abord dans les ramuscules sensitifs terminaux, puis dans les rameaux, les troncs nerveux, dans les racines postérieures (lombaires, dorsales, cervicales), et de proche en proche dans les faisceaux postérieurs de la moelle (lombaire, dorsale, cervicale), selon une direction ascendante vers les centres encéphaliques. Aussi arrivait-il bientôt un moment où je ne pouvais plus constater des traces de sensibilité ailleurs que dans certaines parties déterminées de l'encéphale.

L'action centripète des nerfs sensitifs ne pouvant être mise en doute, ce résultat surprend. On ne s'explique guère qu'un appareil de sentiment dictant son impression, celle-ci se survive en quelque sorte à elle-même et aille séparément se perdre dans un centre nerveux. La raison à donner nous paraît être la suivante. Une excitation n'est d'abord pas une sensation ; puis tout cordon nerveux sensitif allant se relayer dans des ganglions de substance grise, des apports s'ajoutant sur tout le parcours, on comprend que les moyens employés pour réveiller une excitation par nature très fugace ne puissent plus avoir d'action dans la zône périphérique alors qu'ils la conservent encore dans les points où l'influx nerveux a pu s'emmagasiner.

La direction reconnue telle, l'uniformité de réaction des nerfs sous l'influence d'excitations diverses s'expliquant par leur rôle de simples conducteurs, on en arrive à la substance grise, à ses propriétés, et tout aussitôt une question se pose d'elle-même. Cette annihilation apparente de l'action nerveuse n'est-elle pas due à une transformation nécessaire de la vitalité des conducteurs nerveux, à une sorte d'épuration qui, tout en les mettant à l'abri d'excitation brutale, pourrait-on dire, leur permet d'évoluer vers des fonctions plus élevées ?

Plusieurs faits témoignent dans ce sens. Nous allons les fournir en preuves.

Une première est la faculté qu'a la substance grise de transmettre les impressions qu'elle a reçues.

Les expériences suivantes montrent, en effet, que non seulement la substance grise absorbe l'action apportée par les racines nerveuses, mais qu'elle les a en puissance et qu'elle peut les transmettre. La continuité de la substance grise est, en effet, la condition indispensable pour le passage des impressions sensitives ; les faisceaux postérieurs n'y prennent qu'une faible part. Cette même continuité de la substance grise est pareillement la condition obligée pour le transfert des excitations motrices volontaires. Les faisceaux antéro-latéraux y prennent seulement une plus large part.

Voyons plutôt :

Si on pratique sur un animal des sections transversales incomplètes, mais de plus en plus profondes, soit de la face antérieure à la face postérieure de la moelle, soit dans le sens inverse, on voit que la sensibilité persiste dans les membres postérieurs (l'opération étant faite dans la région dorsale) tant que la section n'a pas divisé entièrement la substance grise ; elle disparaît, au contraire, dès que la continuité de cette substance est entièrement interrompue.

On peut, au lieu d'une simple section, faire une excision profonde des parties postérieures de la moelle dans une longueur de 1, 2, 3 centimètres, et lorsque la sensibilité est conservée dans les membres postérieurs, on reconnaît, après la mort, qu'on a laissé en place, en rapport avec les faisceaux antérieurs, une partie plus ou moins étendue des cornes antérieures de la substance grise.

La sensibilité, d'ordinaire, paraît abolie à la suite de ces opérations pendant un quart d'heure, une demi-heure, ou même plus longtemps encore ; puis, quand la continuité de la substance grise n'a pas été entièrement interrompue, elle reparaît peu à peu pour atteindre assez rapidement un degré qu'elle ne dépassera pas. Les résultats sont tout à fait les mêmes lorsque la section de la moelle est faite de la face antérieure vers la face postérieure de l'organe.

La substance grise est donc dans la moelle épinière la voie principale, sinon la seule, de transmission des impressions sensitives à l'encéphale.

Nous avons déjà vu qu'une excitation portant sur un tronçon des faisceaux postérieurs isolé des autres faisceaux, mais communiquant avec la substance grise, transmet la sensibilité, à la condition que le tronçon soit l'aboutissant d'au moins une paire nerveuse. (Dech., p. 375 et 376.)

Sur des grenouilles, M. Schiff voit les mouvements volontaires persister, lorsqu'il pratique une première section transversale, allant de la face inférieure de la moelle jusqu'au voisinage du canal central et qu'il fait une seconde section à une distance de deux vertèbres du lieu de la première et allant de la face supérieure jusqu'à proximité de ce même canal central. Il conclut de cette expérience que les parties centrales de la substance grise suffisent pour la transmission des incitations motrices volontaires, comme aussi des incitations provoquées. (Dech., p. 427.)

Bien mieux, loin de se borner à ce rôle de transmission, la substance grise, avec le concours des faisceaux blancs, se constitue en un tout centralisateur qui condense et coordonne un ensemble de mouvements. Nous ne rapporterons pas ici les expériences bien connues qui mettent ce fait hors de doute.

On le voit, interrogées dans notre sens, les données fournies par la science s'adaptent admirablement à notre interprétation et justifient sur ce sujet notre manière de voir.

Disons-le donc, les phénomènes de sensibilité et de motilité se présentent dans la moelle dans des conditions organiques à peu près analogues ; leur siége est loin d'être aussi précis, aussi distinct qu'on l'avait supposé ; la moelle est un appareil de diffusion créant surtout des rapports de contiguité, des relations de voisinage, enregistrant les impressions périphériques ; elle concentre, elle harmonise les actions qui lui arrivent ; enfin, elle est un réservoir nerveux dont les approvisionnements peuvent être dépensés, mais qui les voit se renouveler par des apports venus de la périphérie.

De la réunion dans la moelle des impressions périphériques résulte une innervation centrale, première des transformations pour fournir une sensation encéphalique consciente. (Dech., *Moelle ép.*, p. 458, prof. Vulpian.)

N'oublions pas de le dire, dans cette innervation centrale doivent être comprises les impressions venues des cordons nerveux musculaires.

Aux faits que nous avons eu déjà occasion d'énoncer, ajoutons la considération générale suivante : pour se produire, tout mouvement, quelque limité qu'il soit, nécessite comme premier moment une tension d'ensemble, un *tonus* musculaire. Sa coordination ne peut résulter que d'un accord et des muscles synergiques et des muscles antagonistes. Sa solidarité avec la sensibilité est une condition à peu près fatale. Comment comprendre qu'une contraction musculaire rapide, fugace comme elles le sont parfois, puisse s'effectuer, si on ne suppose un instrument déjà disposé à l'avance et ayant préparé la touche voulue ? Que la théorie d'un *clavier* unique ne soit plus soutenable, attendu qu'il est à peu près acquis que les cordons moteurs venus de la périphérie ne se continuent pas directement jusques aux centres nerveux, toujours est-il qu'il faut en arriver à l'existence de moyens d'union, et à reconnaître dans le milieu médullaire des centres de cellules coordonnant le mouvement. Or, pareils centres, pour se constituer et pour pouvoir se continuer dans leur rôle, impliquent une harmonie préétablie, des moyens de communication toujours existants, maintenant une position acquise, reliant l'instrument et tout lieu apte à la détente pouvant devenir l'occasion d'un mouvement. Pareil concours, ce nous semble, ne peut résulter : pour le système de la vie organique, que d'une éducation fournie par la nature, c'est-à-dire se confondant avec les propriétés de tissus ; pour la vie de relation, que d'un apprentissage datant des premiers moments de la vie fœtale et se continuant jusqu'à la mort de l'individu. Disons-le donc, le mot paralysie musculaire ne doit sous-entendre qu'un défaut de communication survenu entre un appareil musculaire et l'un de ses points de ralliement dans les centres nerveux. — Attribuer un rôle secondaire à la motilité n'est plus dans les données actuelles de la science. —

CHAPITRE V.

Dans les chapitres précédents nous avons cherché à catégoriser et à mettre en ligne une série de faits qui pût nous donner la notion des apports par lesquels, sinon s'édifie, du moins s'anime et travaille l'ensemble des éléments dont le concours sert à constituer l'axe spinal.

Dans celui-ci, un premier paragraphe, s'adressant au sens de la vision, établira cette présomption que les sens spéciaux, pour leur fonctionnement, obéissent à la même règle que la sensibilité générale.

Un second sera consacré à prouver qu'il est facile de constater dans les centres nerveux l'existence de délimitations bien accusées correspondant aux grandes circonscriptions territoriales organiques de la périphérie; que c'est là un des côtés importants par où s'établit une solidarité dans les fonctions.

Nous terminerons enfin par quelques données générales sur la périphérie nerveuse centrale, une revue sommaire portant sur l'ordre hiérarchique qui préside à l'aménagement des centres d'activité nerveux nous servant de résumé.

§ 1.

Nerf des sensations spéciales. — Ayant l'intention d'établir que les nerfs des organes des sens se présentent dans des conditions analogues à celles qu'offrent les nerfs de la sensibilité générale, nous allons nous adresser au plus élevé d'entre eux, à celui de la vision. D'une manière générale, on peut dire que la sclérotique en constitue la délimitation externe et le squelette, que la cornée en est plus spécialement le tégument externe, la choroïde le tégument interne, que c'est dans la rétine et le nerf optique que l'on retrouve surtout le sens spécial.

Eh bien, si l'on considère chacune de ces parties complémentaires, on trouve que toutes ont leur correspondant nerveux spécial, et que tout trouble survenu dans la longueur de ce dernier amènera par contre-coup un désordre dans le milieu, point d'émergence.

Ainsi, une déchirure de l'anneau nerveux qui existe dans la région du muscle ciliaire produira l'atrophie du globe oculaire, la cornée conservant sa transparence.

La section du cordon cervical sympathique, au cou, entraînera une dilatation des vaisseaux de l'œil et, comme phénomène corrélatif, une rétraction du globe oculaire due à la contracture d'un muscle organique.

Une même lésion du nerf trijumeau, dans l'intérieur du crâne, au niveau et au-delà du ganglion de Gasser, sera suivie de trouble dans la transparence de la cornée, le segment postérieur de l'œil, rétine, choroïde, corps vitré restant indemnes et dans leur intégrité première.

Une instinctive synergie d'action entre la vision et son jeu musculaire est d'observation journalière.

Ce sens lui-même, suivi dans son intimité la plus profonde, offre peut-être une indépendance d'allures encore plus absolue.

La rétine, au moins dans les parties qui forment réellement l'appareil sensoriel (cônes, bâtonnets et couches extérieures), paraît, au point de vue trophique, indépendante du nerf optique, puisqu'on possède des pièces histologiques montrant l'existence de cônes et de bâtonnets normaux dans la rétine d'un homme aveugle depuis vingt ans par atrophie du nerf optique. (Thèse du d^r Boucheron, 1875.)

Enfin, le nerf optique, conducteur pour une impression lumineuse, se rapproche des radicules nerveuses de la sensibilité générale, en ce sens que celles-ci, arrivées à la moelle et plongeant dans la substance grise, se dépouillent de leurs attributs et que le nerf optique en fait autant. Tout courant électrique qui impressionne la rétine est cause de l'apparition d'un phosphène. Le même phénomène ne se produit plus si l'on fait passer le même courant à travers le crâne au niveau des apophyses mastoïdes, et cependant il est avéré que dans ce cas l'origine des nerfs optiques est excitée ainsi que les tubercules quadrijumeaux, preuve qu'en ce point la réaction n'est déjà plus la même.

Disons-le donc, l'œil, organe complet, sens spécial, rayonne vers les centres nerveux par toute une série de cordons nerveux représentant des éléments plastiques qui entrent dans sa composition comme parties constituantes, et là, son action se diffuse et, appelée à un emploi supérieur, se modifie assez pour n'être plus accessible aux excitants ordinaires; il se soumet donc au programme commun et laisse penser que les autres sens spéciaux se comportent de même.

§ II.

Des délimitations nerveuses centrales correspondent aux grandes circonscriptions territoriales organiques de la périphérie. — La continuité de l'axe médullaire n'est pas telle qu'on ne puisse y découvrir un lieu de relais. Ecoutons le docteur Farabeuf :

Aucun nerf, excepté le spinal, ne prend naissance dans la région de l'entrecroisement. Les racines du premier nerf cervical sont situées immédiatement au-dessous, et celles de l'hypoglosse au-dessus. Il n'y a donc pas lieu de s'étonner si on ne trouve pas dans la substance grise de ces agglomérations cellulaires bien nettes, désignées par Stilling sous le nom de noyau d'origine des nerfs. Les minces filets radiculaires du spinal, qui traversent la formation réticulaire, se dirigent vers le côté externe de la substance péritubulaire, mais sans qu'il y ait encore à ce niveau de trace visible de ce que sera plus haut le noyau du spinal. (DECH., *Moelle épin.*, p. 313.)

Ce terrain neutre en quelque sorte nous servant de temps d'arrêt, prenons pour point de départ de notre étude le segment médullaire situé au-dessous ; montrons par lui que notre proposition, loin d'être affaire d'ontologie physiologique, repose sur des résultats plastiques parfaitement saisissables.

Une convention à faire, à l'avance, est que notre interprétation sera considérée comme scientifiquement acquise, et que tout d'abord les phénomènes se passeront en vertu d'une force, ou bien emmagasinée, ou bien communiquée.

Ceci posé, entrons en matière et demandons-nous ce que représente à nos yeux l'ensemble nerveux situé au-dessous de l'entrecroisement. Cette portion de l'axe médullaire est, comme nous l'avons dit, la représentation de tous les organes qui s'utilisent aux différents appareils de la vie organique, encore celle de tous les *substrata* sensitifs et moteurs qui constituent la charpente extérieure du corps, moins la face.

Décomposons cet ensemble, supprimons par la pensée le revêtement externe, correspondance nerveuse centrale, suivant nous, du feuillet cutané, que restera-t-il? L'axe central médullaire. Quel est l'élément qui subsistera? L'élément nutrition. Peut-on en donner la démonstration physiologique? Oui, par l'exposé des faits suivants. Partir de la greffe animale qui est sans centralisation nerveuse, pour en arriver à l'expérience du professeur Vulpian, sur la queue du jeune têtard, appendice continuant à se développer quoique séparé du restant du corps, présentant de légers mouvements spontanés, preuve certaine que l'action périphérique s'est déjà centralisée dans la portion d'axe médullaire. Rapprocher de ce fait celui fourni par l'existence amoindrie des membres inférieurs chez les paraplégiques.

A cette heure, laissons intervenir l'action du revêtement médullaire externe, associons-la à celle de l'axe central et, recherchant dans les phénomènes observés le résultat plastique de ce jeu combiné, que trouvons-nous? Nous trouvons l'automatisme inconscient, genre de vie réalisable, même chez des animaux supérieurs, problème vital obtenu par l'ablation des centres nerveux jusques à la protubérance annulaire.

A la portion médullaire susindiquée, ajoutons enfin la moelle allongée, ce segment, rendez-vous de tous les éléments dont le concours se traduit par le fait respiratoire et suivant une voie pareille aux précédentes, nous arrivons cette fois à un résultat le même, seulement avec cette modification que la vie organique sera indépendante, plus active, et qu'un mécanisme animal spontané entrera en scène.

Nutrition, réaction, ces deux assises générales de toute œuvre de vie progressent donc suivant une échelle ascendante et en arrivent à avoir leur territoire médullaire et à y constituer un ensemble nerveux que l'on peut appeler la région de l'automatisme inconscient.

Cette première circonscription reconnue, passons à la seconde. Pour y arriver, il suffit de dépasser la ligne du genou du facial et d'aborder le terrain au-dessus ; là, viennent, en effet, s'échelonner les noyaux nerveux, représentation centrale des impressions subies par les organes des sens. En cette région se reflète la notion du milieu.

Monte-t-on plus haut encore, on tombe en plein territoire cérébral, domaine de l'intelligence à peine entrevu physiologiquement, milieu qui profite de tous les influx ci-dessus, qui les emmagasine, qui les enregistre, qui les utilise suivant des procédés dont on ne peut guère soupçonner le génie, la ligne d'arrivée seule pouvant à peu près être indiquée.

Disons-le donc, trois grandes circonscriptions peuvent être établies dans les centres nerveux, circonscriptions répondant à trois entités physiologiques ; la première fournit l'automatisme animal inconscient, la seconde apporte la notion du milieu, la troisième met le tout au service d'une individualité, individualité qui n'est que l'expression du dernier terme qui caractérise une existence complète, la délimitation. Ajoutons-le encore, dans l'ordre de considérations que nous venons d'émettre, comme dans les autres, une échelle de progression est parfaitement saisissable de bas en haut, les fonctions s'élevant, et, au contraire, l'essentialité suit une marche inverse, la vie organique étant toujours la vraie base, l'assise indispensable sur laquelle les autres doivent venir s'enter.

Solidarité, *antagonisme*. — Ces grandes régions déterminées, les éléments qui s'y emploient reconnus, passons à la question suivante :

Les divers départements nerveux ont-ils une action tellement distincte que l'on ne puisse saisir entre eux aucune corrélation de fonctions? D'après notre interprétation, le contraire seul est possible. En effet, les nerfs n'étant à nos yeux que l'expression des milieux organiques qui les émettent, les centres nerveux n'ayant d'action que par les nerfs, on comprend que le jeu de la vie résulte surtout de l'influence réciproque qu'exercent les différents courants nerveux les uns sur les autres, encore de l'antagonisme de la partie périphérique et de la portion centrale de ce même système nerveux.

Pour mieux nous en rendre compte, remontons le courant depuis ses sources, pourrait-on dire jusqu'à sa mer intérieure, initions-nous à la filiation des faits suivants :

Les éléments, les groupes cellulaires, doués de propriétés spéciales, doivent très probablement être soumis à un système de pondération les uns vis-à-vis des autres, et l'obtenir d'un influx nerveux spécial aussi.

Pour fournir à une fonction, les appareils qui s'y emploient sont obligés de centraliser l'action de leurs organes dans un ganglion ou dans un plexus ganglionnaire, un exercice régulier ne pouvant s'obtenir que par l'intermittence calculée de chacun d'eux.

La transition entre le feuillet muqueux et le feuillet cutané se faisant par nuances graduées, des zônes complémentaires pour l'action du premier existent dans le second; l'étude du double cône qui, partant de l'iléon d'un côté, va jusqu'à la déglutition et à la préhension des aliments, qui de l'autre, ayant le même point de départ, en arrive à fournir la musculature destinée à expulser les résidus de la digestion, permet d'apprécier cet état complexe. Comment expliquer ces effets d'ensemble sans admettre une centralisation dans la moelle?

Une étude analytique pareille, appliquée à l'appareil de la respiration, montrera qu'il en est ici de même.

L'agencement des nerfs fait deviner qu'ils préparent des voies de communication, des moyens de relation. Du point type d'une fonction s'élève le cordon vraiment physiologique. Celui-ci dans son trajet reçoit sous forme d'anastomose le tribut de nefs congénères; tous finalement viennent se classer méthodiquement et par ordre, dans une même région des centres nerveux; des filets intermédiaires établissent la transition d'un territoire à l'autre.

Jugeons-en par l'exposé suivant :

Jusqu'à la région de l'entrecroisement, la fonction respiratoire n'est représentée dans la moelle que par le nerf phrénique, mais celui-ci ne se rattache, comme on le sait, qu'au côté mécanique, qu'à l'accessoire d'une fonction. Aussi n'apporte-t-il avec lui que des filets sympathiques. Un seul nerf établit la transition, c'est le spinal qui par ses filets dérivés les uns des muscles, les autres des plexus pulmonaires, existe à l'état de trait-d'union entre l'individualité et le milieu; mais, comme nous l'avons déjà dit, ses filets sont encore rares, et les cellules avec lesquelles il communique dans la moelle sont en petit nombre. Pour trouver le nerf type de la fonction, il faut arriver jusques au pneumo-gastrique. Autour de ce dernier s'élève de concert tout un groupe : l'hypoglosse, les filets supérieurs du spinal, le glosso-pharyngien. Tous, en vrais tributaires, lui envoient leur contingent sous forme d'anastomose, tous viennent établir leur noyau autour du sien, constituant ainsi le centre où viendront se répercuter les effets du conflit engagé entre les liquides plastiques d'une économie et l'agent excitateur du dehors, complétant la mécanique animale qui en assurera le jeu.

Recherche-t-on plus haut, la même disposition se retrouve. Sur les confins du bulbe arrivent les filets du facial, ceux de la cinquième paire, nerfs qui, par eux-mêmes ou par l'intermédiaire du glosso-pharyngien, d'un côté, associent leur action à celle du pneumo-gastrique, et, de l'autre, viennent seconder le noyau des nerfs dont le rôle est de s'assurer la connaissance du milieu.

Interrogeant un ensemble nerveux, en sera-t-il de même? La constatation suivante va fournir la réponse.

Le curare, en abolissant les réactions réflexes dans le système musculaire de la vie de relation, donne plus d'énergie à celles qui se font dans le domaine du système musculaire de la vie organique. (VULPIAN, Moelle ép., *Dict. encycl.*)

Où trouver un meilleur exemple de la solidarité de ces deux systèmes et probablement du reflux de l'un sur l'autre?

Passons à la diffusion dans la moelle.

Le professeur Vulpian, après avoir coupé la moelle épinière à la partie supérieure de la région cervicale chez un chien, électrise le bout central d'un nerf sciatique et détermine une augmentation de la tension intra-artérielle. Il démontre ainsi que le centre vaso-moteur n'est pas localisé dans la moelle allongée, mais qu'il réside aussi dans toute la colonne grise de la moelle épinière. (ROCHEFONTAINE, *Arch. de Ph.*, 1876, p. 188.) Des autres centres analogues (génital, cilio-spinal), on pourrait en dire autant.

La déduction à tirer est que l'apport central prépondérant sur un point se diffuse dans toute l'étendue de la moelle.

Sous ce titre, effets combinés, et comme exemple d'atonie musculaire par défaut d'action synergique, nous citerons l'aspect cadavérique que peut prendre l'un des côtés de la face, lorsque le raccord des cordons de la vie organique avec les centres nerveux est empêché par la compression du cordon et des ganglions sympathiques dans la région cervicale, aspect cadavérique que viennent troubler par moments des mouvements volontaires.

De ce qui précède, une vue générale se dégage, que ce ne sera que dans un centre nerveux que toute action périphérique trouvera sa sanction. Mais ces centres nerveux eux-mêmes affectant entre eux des rapports, une balance doit être forcément établie, le cours régulier de la vie ne pouvant être maintenu qu'à la condition d'un exercice normal, d'une intermittence des fonctions.

Ce système de pondération, nous venons de l'apprécier entre le système moteur de la vie organique et celui de la vie de relation ; nous allons le constater de nouveau entre le système de la circulation et la motilité volontaire.

Si l'on fixe par le milieu du corps, sur une plaque de verre, au moyen d'une gouttelette de gomme dissoute, un véron, le plus jeune possible, et puis qu'on le place sous la lentille d'un microscope, il est facile de voir à la fois deux courants sanguins situés côte à côte, l'un descendant, partant artériel, l'autre remontant et dès lors veineux, tous deux progressant d'un cours régulier. Naturellement, de temps à autre, le petit animal cherche à se dégager, et pour cela se livre à de violents efforts musculaires. Or, voici ce qui nous a toujours paru résulter de ces efforts pour la régularité des deux courants :

Au début et coïncidant presque avec la contraction musculaire, on dirait comme une commotion à peine saisissable à l'œil et entraînant comme effet immédiat une plus grande rapidité dans le cours du sang.

Peu après, à chaque effort, un temps d'arrêt se produit, appréciable d'abord dans le courant veineux, puis dans le courant artériel.

Plus tard, c'est non seulement un temps d'arrêt, mais aussi un mouvement de recul momentané.

Finalement enfin, le courant artériel disparaît ; la ligne de ce vaisseau devenant toute striée, les globules sanguins s'accumulant dans le courant veineux.

Dans l'intervalle d'un effort à l'autre, la régularité se rétablit dans le courant sanguin, excepté à la fin ; mais, même dans ce cas, le poisson remis dans l'eau se remet à nager et peut continuer à y vivre au moins un certain temps.

Les mêmes effets peuvent être observés sur la queue d'un jeune têtard, aussi sur tout insecte transparent où l'on peut saisir un courant organique et des contractions musculaires.

De même sur les pattes d'une grenouille, que celle-ci ait été rendue paraplégique, ou bien qu'elle soit solidement fixée par des ligatures sous-cutanées.

L'ouvrage sur l'électricité, des docteurs Onimus et Legros, contient des résultats analogues obtenus sur des animaux à sang chaud.

Rapprochons de ces résultats les faits suivants :

Une vive douleur paralyse le mouvement.

Un ébranlement nerveux considérable détruit la vie.

Comme antagonisme entre deux graudes circonscriptions nerveuses, rappelons celui devenu proverbial de la vie plastique et de la vie intellectuelle.

Par contre, une spécialité disparaissant, les autres doivent en profiter. Dans le domaine des sens ce fait a pu être constaté. La suppression de l'un d'eux donne plus d'acuité aux autres.

Disons-le donc, toute excitation exagérée sur un point appellera à elle les forces vives du voisinage et fera tout taire à son entour. La raison nous paraît pouvoir être formulée ainsi : un capital fixe étant donné, et c'est à peu près le cas de toute économie vivante, une grosse dépense ne peut s'effectuer et surtout se continuer qu'au détriment des autres.

§ III.

La disposition du réseau central du système nerveux est similaire, mais à l'inverse du réseau périphérique. — Entrons en matière par la citation suivante :

> Meynert (de Vienne) considère la couche corticale du cerveau comme un plan de projection, dans le sens géométrique du mot, et le monde extérieur comme l'objet projeté ; d'où il découle que les différentes parties du corps donnent naissance à différentes espèces de sensations qui impriment sur l'encéphale une représentation de l'objet projeté. (*Arch. de Ph.*, 1875, p. 482.)

Le schéma qui précède est tellement en conformité d'idées avec notre manière de voir, qu'on le croirait calqué sur le mode de transmission que nous supposons à l'élément nerveux. A quoi se résume, en effet, notre interprétation ? A donner aux nerfs une origine périphérique, à admettre pour les cordons moteurs une action centripète.

Sensibilité, motilité, sont les deux moyens appréciables qu'emploie la vie. Unifiés au point de départ, unifiés au point d'arrivée, imparfaitement distincts en certains endroits du parcours qui relie ces deux extrêmes l'un à l'autre, ils s'identifient tellement dans notre esprit pour toute action vitale, qu'on ne saurait concevoir celle-ci sans l'apport de ces deux éléments; ils agissent si bien de concert que ce que l'on a reconnu pour l'un on est bien près de l'admettre pour l'autre, que la seule modification acceptable est une variation pour un même jeu.

Voyons si les résultats acquis sont en accord avec cette manière de concevoir les choses. Sans vouloir revenir sur ce que nous avons dit au sujet du réseau périphérique, reprenons à partir de la moelle; rappelons que comme excitabilité, les faisceaux postérieurs occupent le premier rang; que les antérieurs viennent après; que les premiers correspondent plus particulièrement aux appareils de sensibilité; les seconds à ceux du mouvement.

Montrons que dans les centres cérébraux la même distinction existe.

Lorsqu'on sectionne l'expansion pédonculaire en avant, entre le noyau caudé et le noyau lenticulaire, on produit constamment une hémiplégie complète du côté opposé; lorsque, au contraire, la section est faite plus en arrière, entre la couche optique et le noyau lenticulaire, c'est une hémi-anesthésie du côté opposé du corps qu'on observe. (Des fonct. des h. céréb., CARVILLE et DURET, *Arch. Physiol.*)

Plus haut, les mêmes éléments pénètrent le territoire des circonvolutions cérébrales, mais là on les retrouve affectant des allures spéciales et telles que leur action se produit et disparaît en dehors des phénomènes physiques connus, qu'elles ont un *substratum* en quelque sorte insaisissable, qu'elles en arrivent à s'harmoniser avec les travaux de l'intelligence, présentant ainsi dans son essence la plus exquise la loi de perfectionnement formulée par le professeur Milne-Edwards; que leurs effets rayonnent dans les espaces en dehors de l'économie où ils ont pris naissance et s'y traduisent par des actes qui se transmettent d'âge en âge.

C'est même cette considération qui sera notre dernier argument et comme le couronnement de ce que nous avons énoncé au sujet de la motilité.

Comment, voilà deux éléments parties contingentes d'un même tout, à action indissoluble dans les moments suprêmes, l'un, et nous le verrons à n'en pas douter, épurerait son action à mesure qu'il gagnerait les sommets de l'arbre nerveux, qu'il tendrait vers le faîte, et l'autre, son coadjuteur inséparable, s'éterniserait dans un même jeu, pour des effets toujours identiques? Non. A moins de supposer une loi de dégradation, une série décroissante, il est impossible d'admettre qu'un élément qui a eu sa part dans l'œuvre intellectuelle, qui a su obéir à la moindre volonté, à la moindre impression, qui a réussi à se plier à des indications aussi éthérées, pourrait-on dire, travaille dans les mêmes conditions que lorsqu'il apporte son concours à un automatisme inconscient, à l'exercice d'une fonction d'organe; on ne saurait croire que quote-part d'une idée à un moment donné, il puisse devenir dans un autre, avec la même modalité, contraction musculaire. L'inverse seul est admissible. Une échelle ascendante, progressive par étapes, élevant la fonction, peut seule en rendre compte et être dans le vrai, car elle concorde non seulement avec les données de tout organisme vivant, mais encore avec celles de l'animalité entière, bien mieux, avec tout ce que nous connaissons en fait de productions humaines. Que l'on ignore par quel mode une fonction qui s'élève devient plus parfaite, et comment une émotion du faîte peut se répercuter dans le fin fond d'une organisation, la chose est permise. Ce qui ne l'est pas, c'est que l'on veuille marquer du sceau de l'infériorité un attribut de la vie, priver de perfectionnement un élément qui s'associe aux actes les plus élevés de l'organisme humain. Aujourd'hui la science est assez avancée pour interdire cela. A ceux qui en douteraient, remémorons les individualités anatomiques musculaires connues, leur filiation ; rappelons les commentaires du professeur Vulpian sur les débuts de l'animalité et demandons-nous si à l'autre limite de la vie, dans le milieu qui fournit aux circonvolutions cérébrales, les propriétés physiologiques ne seraient pas aussi à l'état d'amalgame, de diffusion.

Cette remarque a pour elle la présomption qu'un aménagement qui consiste à décomposer pour recomposer est tout à fait dans les allures de la nature, alors qu'elle se livre à un travail d'épuration ou de perfectionnement.

Les réflexions précédentes dictent, en quelque sorte, la disposition anatomique du système nerveux, telle que nous la comprenons. La voici : d'une atmosphère nerveuse à l'état de diffusion dans la périphérie des organes, émerge un premier chevelu de filets nerveux, qui vont de réseau en réseau, de ganglions en ganglions, pour de là aller se grouper dans la moelle, y courir de centre en centre et s'élever jusque dans les ganglions cérébraux. De ce point de ralliement s'épanouit un nouveau chevelu à éléments épurés, qui, lui, va se perdre dans la concavité de la substance organique qui clôture l'arbre nerveux.

Disons-le enfin, pour en finir avec cette échappée de vue, il n'est pas jusqu'à la surface périphérique de la portion centrale du système nerveux qui ne nous paraisse venir en aide à notre mode d'interprétation.

Ici, en effet, il ne s'agit pas seulement d'une surface purement délimitante, simplement analogue à celle des autres systèmes organiques; une irrigation savamment ordonnée existe le long des parois et dans l'organe lui-même, et si l'on veut y retrouver la gradation dont nous venons de parler, que l'on suppose une suffusion sanguine agissant sur sa surface, une inflammation éveillant ses réactions, et l'on verra, suivant le niveau du mal, la vie organique se déprimer, la vie animale se désordonner, l'œuvre intellectuelle s'abêtir.

Revue sommaire. — Ordre hiérarchique. — Nous voici arrivé à la fin de notre travail. Pour en condenser les aperçus et leur imprimer un plus vif relief, exposons d'une façon sommaire chacune des données émises, tout en plaçant en regard leur côté biologique et pathologique ; nous serons ainsi amené à reconnaître un ordre hiérarchique dans la vie.

Au bas de l'échelle se trouve le canevas conjonctif qui sert d'encadrement à tous les appareils, qui les relie les uns aux autres et leur apporte des moyens de nutrition ; un peu plus haut, ces appareils eux-mêmes. Sur ce double terrain le grand rôle est à la propriété du tissu. L'élément anatomique figuré nerveux n'étant pas encore appréciable, une atmosphère nerveuse est seule admissible. A elle sont dus, probablement, les phénomènes généraux de sensibilité et de motilité, le sentiment qui donne la conscience de notre manière d'être, par exemple, les sensations de chaud et de froid, le besoin de la faim et de la soif, les mouvements organiques, les défauts de sécrétion, phénomènes n'ayant pas de localisation nerveuse déterminée, troubles créant une sensation vague de malaise et cédant, le plus souvent, à des moyens naturels. La pathologie cellulaire devra être rangée sous le même chef.

Entre-t-on dans l'analyse de ces différentes agglomérations de cellules et cherche-t-on à les classer, on trouve que deux grandes circonscriptions territoriales y existent : le domaine de la vie organique ; celui de la vie animale. Reliées entre elles par tout un système de canalisation affecté à l'échange des matériaux, ces deux circonscriptions trouvent un nouveau trait-d'union dans le myélancéphale auquel elles viennent participer, chacune de son côté lui envoyant son contingent de fibres nerveuses. C'est sans doute à la prédominance, tantôt de l'un, tantôt de l'autre de ces moyens de raccord que l'esprit humain a fait allusion en créant les distinctions suivantes : tempérament lymphatique, sanguin, nerveux.

Décomposant toujours, on trouve que la vie organique résulte du concours de deux systèmes, du système du grand sympathique et de celui du pneumo-gastrique. Au premier se rapportent tous les organes coordonnés dans un but de nutrition. Dans ce système, l'individualité commence à apparaître, chaque organe venant en quelque sorte se boucler dans la moelle épinière par des filets nerveux et y traduisant ses souffrances en un malaise obscur, mais souvent reconnaissable. C'est probablement aussi à l'action plus ou moins accusée de l'un d'eux que sont dues les expressions de constitution bilieuse, apauvrie, etc.

Le système du pneumo-gastrique offre d'abord ceci de particulier, c'est que, comme appareil pour la respiration, son cantonnement est bien délimité, et qu'au contraire son influx se généralise alors qu'il apporte son concours à l'acte de la circulation. Sa correspondance dans le myélencéphale trahit cette double origine. Pour s'en convaincre, il suffit de se rappeler, d'un côté le nœud vital, ce point restreint où viennent converger tous les filets afférents de l'œuvre pulmonaire ; de l'autre, le centre vaso-moteur, espace mal limité, se diffusant dans la moelle, diffusion en harmonie avec la multiplicité des actions qui y sont répercutées, ayant cet avantage d'apporter un tempérament à l'uniformité du jeu du moteur cardiaque, les influences locales pour la circulation se trouvant ainsi favorisées.

Une autre remarque à faire est celle-ci. Echo d'une fonction plutôt passive, le retentissement du système du pneumo-gastrique sur l'axe médullaire n'a aucun cachet spécial, ne saurait être que l'expression d'un besoin. On ne sera donc pas surpris d'entendre désigner tous ses troubles par ces mots : difficulté de respirer. La contexture des organes qui s'y emploient participe à cet état d'infériorité vitale. C'est surtout de tissu fibreux élastique qu'ils sont en partie formés.

Si maintenant on veut s'élever à une vue d'ensemble et chercher à se rendre compte du système de la vie organique, on n'a qu'à déplisser par la pensée le feuillet muqueux, qu'à l'étaler en surface, qu'à lui faire subir l'action de l'air ambiant, on aura sous les yeux un vaste champ armorié de chimie, parsemé de petits laboratoires qui tous s'utilisent dans ce but final : fournir un *plasma*, plasma destiné à l'entretien des laboratoires eux-mêmes, et aussi de ce qui en constituera le complément, le côté fonctions de relations. Emergeant de ce feuillet muqueux, courant de stations en stations, de nombreux conducteurs nerveux y résumeront les actions disséminées, les inscriront dans un axe central qui les aura en puissance, quintessenciées, axe devenant la base statique indispensable pour assurer le jeu de n'importe quelle individualité désormais rendue possible.

Pour rencontrer cette individualité, une seule chose est à faire : se transporter sur le feuillet cutané. Ici, comme tantôt, la centralisation s'opère par un mode analogue, la sanction des effets plastiques obtenus se traduisant sur un nouvel axe qui forme comme un revêtement au premier et qui, lui, est de tendance plutôt dynamique, les apports lui venant d'appareils à réaction. De l'examen comparé de ces appareils, un fait capital se dégage; nous le désignerons par ces mots : tendance aristocratique de la nature, tendance érigée en loi du progrès par le professeur Darwin.

Veut-on en acquérir la preuve, que l'on aborde le premier territoire, celui de l'automatisme animal.

Du bas de la moelle jusqu'à l'entrecroisement sous-bulbaire, s'échelonnent des filets nerveux disposés d'une façon à peu près pareille. Les recherche-t-on dans leur origine, on voit qu'ils sont les représentants de tout ce qui constitue le revêtement externe, la face seule non comprise. S'initie-t-on à leur génie, on reconnaît que les uns ont pour point de départ les appareils de sensibilité disséminés dans ce même tégument externe, les autres, les groupes musculaires qui y associent leur action. S'occupe-t-on à retrouver parmi eux une prééminence, rien de plus facile. Toutefois, sur ce terrain, un doute est encore permis. En raison des moyens de transition ménagés par la nature, on se demande si c'est bien à elle ou à l'action humaine qu'est due la différence.

Evidemment, chez l'homme, les membres inférieurs ne sauraient être comparés aux membres supérieurs comme finesse de perception, comme délicatesse de mouvement, mais encore faut-il tenir compte des effets résultant d'une éducation transmise d'âge en âge. Faire la part de l'individualité et de l'hérédité dans l'œuvre graduellement progressive de la nature n'est pas chose aisée. Des études d'embryogénie et d'anatomie comparées peuvent seules éclairer d'une vive lumière la solution des problèmes posés par le fait de la transmission héréditaire. La remarque que nous faisons ici est largement applicable au mode suivant lequel ont pu se constituer les centres nerveux.

Reprenons; mettons que sur ce premier terrain l'indécision soit permise. Pour couper court à toute incertitude, montons d'un étage; abordons l'isthme de l'encéphale, le territoire où viennent rejoindre les filets nerveux qui transmettent aux centres la notion du milieu. Nous trouvons encore ici la sensibilité et la motilité s'utilisant à la vie, mais ayant acquis des aptitudes spéciales, ayant à leur disposition des voies de transmisssion nouvelles. La gradation suivie s'effectuant toujours par nuances ménagées, aux nerfs de la sensibilité générale, rachidiens, s'est d'abord adjoint un nerf analogue, mais plus en harmonie avec les appareils périphériques, le nerf de la cinquième paire; aux nerfs moteurs du rachis, le facial; puis, sont apparus les nerfs de sensibilité spéciale, nouveaux venus, tous arrivant et superposant leur action sans préjudice pour l'apport des anciens.

Pour en avoir un exemple, prenons la langue, le point faîte, une des sentinelles avancées du tube digestif. Ses appareils, ses aptitudes complexes sont connus ; aussi de cet organe, en outre des fibres lisses, contingent du grand sympathique allant aux centres, voit-on émerger comme sensibilité un tronc spécial, le glosso-pharyngien, des filets qui vont aux deux premières paires cervicales, un tronc entier qui se réunit à la cinquième paire, le lingual ; comme motricité, encore un tronc spécial, l'hypoglosse, des filets toujours pour les deux premières paires rachidiennes, d'autres pour le facial, d'autres pour le glosso-pharyngien.

Ce que nous venons de dire du sens du goût est également applicable aux autres.

On en arrive ainsi à reconnaître une assise d'ordre plus élevé où viennent se refléter des notions plus spéciales, dont l'ensemble acquis permet à une individualité de s'éclairer, de s'apprendre au milieu.

Resterait à explorer un dernier territoire, celui où l'intelligence, profitant de tous ces influx, les clôt en quelque sorte, les met au service d'une individualité d'abord, de l'espèce ensuite. Pareil labeur, à peine entrevu par la science, est bien au-dessus de nos moyens. Nous nous bornerons à en dire qu'ici encore, autant que nous puissions voir, une gradation est saisissable.

Si maintenant, nous comportant pour le feuillet externe comme nous l'avons fait pour le feuillet interne, nous cherchons à en avoir une idée générale, nous trouvons toujours une grande surface, celle-ci englobant l'autre. En elle tout est à l'opposé de la première; diaprée d'appareils à réaction, par eux interrogeant le milieu, elle utilise à ce travail les matériaux fournis par la première. L'une produit, l'autre dépense.

De chacun des appareils s'élèveront de nombreux conducteurs nerveux qui, venant se grouper autour de l'axe du feuillet muqueux, apporteront des éléments de plus en plus épurés, lui constitueront un revêtement de plus en plus complexe. De la réunion de tous ces influx résultera, enfin, un dernier laboratoire d'ordre supérieur, celui à la périphérie duquel effleurit la pensée humaine.

Nous venons de passer successivement en revue l'automatisme animal, mitoyenneté de la vie organique et de la vie animale, le domaine des sens, celui de l'intelligence. Un autre ordre de considérations serait encore à revoir, celui qui a trait à la solidarité, à l'intermittence, à l'antagonisme des différentes fonctions, des divers systèmes organiques; mais nous en avons assez dit pour indiquer que là est la vraie base sur laquelle toute intervention médicale devra chercher son point d'appui.

Revenant à notre interprétation et pressé de conclure, nous dirons, en terminant, que par elle s'expliquent, et dans l'hérédité et dans la vie individuelle, les résultats de la nutrition, ceux de l'exercice, encore ceux de l'éducation et physique et morale; que le système nerveux ainsi compris, s'adressant à un organe des sens, à celui de la vision, je suppose, ne permet plus de dire, par exemple, que l'œil de l'aigle est plus puissant que celui de l'homme, attendu que si le premier a un champ plus étendu, il ne saurait rayonner au-delà de l'idée d'une proie à saisir, tandis que au second sont dus les madones de Raphaël, les paysages de Poussin ; qu'un dicton à mettre aux oubliettes est que le cerveau sécrète la pensée ; autant entendre soutenir qu'une usine sécrète une locomotive. Singulière sécrétion, en effet, que celle qui se perfectionne une vie durant et dont les effets s'ajoutent !

AURILLAC, IMP. H. GENTET, RUE MARCHANDE.

www.ingramcontent.com/pod-product-compliance
Ingram Content Group UK Ltd.
Pitfield, Milton Keynes, MK11 3LW, UK
UKHW020354230726
13925UKWH00003B/1110

9 782014 041842